10	11	12	13	14	15	16	17	18
								$_2$He ヘリウム 4.003
			$_5$B ホウ素 10.81	$_6$C 炭素 12.01	$_7$N 窒素 14.01	$_8$O 酸素 16.00	$_9$F フッ素 19.00	$_{10}$Ne ネオン 20.18
			$_{13}$Al アルミニウム 26.98	$_{14}$Si ケイ素 28.09	$_{15}$P リン 30.97	$_{16}$S 硫黄 32.07	$_{17}$Cl 塩素 35.45	$_{18}$Ar アルゴン 39.95
$_{28}$Ni ニッケル 58.69	$_{29}$Cu 銅 63.55	$_{30}$Zn 亜鉛 65.39	$_{31}$Ga ガリウム 69.72	$_{32}$Ge ゲルマニウム 72.61	$_{33}$As ヒ素 74.92	$_{34}$Se セレン 78.96	$_{35}$Br 臭素 79.90	$_{36}$Kr クリプトン 83.80
$_{46}$Pd パラジウム 106.4	$_{47}$Ag 銀 107.9	$_{48}$Cd カドミウム 112.4	$_{49}$In インジウム 114.8	$_{50}$Sn スズ 118.7	$_{51}$Sb アンチモン 121.8	$_{52}$Te テルル 127.6	$_{53}$I ヨウ素 126.9	$_{54}$Xe キセノン 131.3
$_{78}$Pt 白金 195.1	$_{79}$Au 金 197.0	$_{80}$Hg 水銀 200.6	$_{81}$Tl タリウム 204.4	$_{82}$Pb 鉛 207.2	$_{83}$Bi ビスマス 209.0	$_{84}$Po ポロニウム (210)	$_{85}$At アスタチン (210)	$_{86}$Rn ラドン (222)
$_{64}$Gd ガドリニウム 157.3	$_{65}$Tb テルビウム 158.9	$_{66}$Dy ジスプロシウム 162.5	$_{67}$Ho ホルミウム 164.9	$_{68}$Er エルビウム 167.3	$_{69}$Tm ツリウム 168.9	$_{70}$Yb イッテルビウム 173.0	$_{71}$Lu ルテチウム 175.0	
$_{96}$Cm キュリウム (247)	$_{97}$Bk バークリウム (247)	$_{98}$Cf カリホルニウム (252)	$_{99}$Es アインスタイニウム (252)	$_{100}$Fm フェルミウム (257)	$_{101}$Md メンデレビウム (258)	$_{102}$No ノーベリウム (259)	$_{103}$Lr ローレンシウム (262)	

中に原子量が与えられていない放射性元素については，もっとも長い半減期を持つ同位体の

入門 環境の科学と工学

川本 克也
葛西 栄輝 著

共立出版株式会社

まえがき

　近年，地球環境問題，ダイオキシン・環境ホルモン問題さらに廃棄物問題などに社会的関心が高まるとともに，環境を対象とした一般および専門図書の出版数も増加している。一般図書は，上記の各種テーマを現代社会の負の問題としてとらえ，解説しているものが比較的多い。専門図書は，主に教科書として大気汚染，水質汚濁などの公害・環境汚染から地球環境に関する現象の解説や対策技術などを内容とし，たとえば工学系であれば衛生工学などの書名で出版されてきた。

　しかし，環境中における化学物質の存在とその影響，あるいは廃棄物対策を越えた循環型社会の構築などの新たな課題が重要なテーマとなり，知見の集積が進むとともに，従来から学際的な性格を持っていた環境という学問分野の境界は，最近さらに周辺にひろがりつつある。

　このような背景のもと，科学的基礎と工学的応用の両者を内容とする入門編的教科書が切望されており，本書の企画の原点となった。大学の専門課程で環境関連分野を専攻する学生の導入用教科書として，また，環境を専攻しない学生にとっても一般教養として役立つことを願って執筆した。本書の読者が環境という学問分野の特質を科学的な視点で理解できるようになり，また今後の時代の要請に的確に応えられる応用力を修得するための礎となることを願っている。

　本書は，第1章「序論」の後，第2章「地球環境と大気」，第3章「水環境」，第4章「廃棄物と環境」，第5章「化学物質と環境」の全5章で構成されている。各章とも普遍の原理とともに，コラムなどとして新しい知見および今後の方向性などにもふれるようにし，また，できるだけ新しい資料やデータを使用するように努めた。さらに，分野的に網羅するのでなく，物質を主軸に構成し

た．執筆者は 1, 3, 5 章が川本克也, 2, 4 章が葛西栄輝である．2〜5 の各章末には演習問題をつけ，最後に演習問題の解答例を付した．解答例はあくまでも例であり，簡潔に記述しているので，学習者自らによる考察と調査などによってより発展させることが望ましい．本書を通じて環境分野の"おもしろさ"を知り，より深く学ばれんことを願うものである．

　本書の執筆にあたっては，多くの貴重な図書および白書などの資料を参考にさせていただいた．関係各位に深く謝意を表する次第である．最後に，本書の編集に種々労をおとりいただき，遅れがちな執筆を軌道にのせていただいた共立出版（株）出版企画部の松永智仁氏に感謝する．

2003 年 7 月

川本克也
葛西栄輝

目　　次

第 1 章　序論 ·· 1

第 2 章　地球環境と大気 ·· 4
 2.1　大気の形成と組成 ··· 6
 2.2　地球環境問題の特質 ··· 9
 2.3　地球温暖化 ·· 10
  2.3.1　地球温暖化のメカニズム ·· 11
  2.3.2　温室効果ガス ·· 12
  2.3.3　CO_2 の排出源と推移 ·· 14
  2.3.4　地球温暖化の影響 ·· 15
  2.3.5　将来予測 ··· 16
 2.4　オゾン層破壊 ·· 18
 2.5　酸性雨 ·· 23
 2.6　大気汚染物質と処理技術 ·· 26
  2.6.1　ガス状物質 ·· 27
  2.6.2　粒子状物質（PM） ·· 39
 2.7　都市の大気環境 ··· 40
 2.8　大気汚染物質の排出と環境影響 ·· 41
 演習問題 ··· 42
 参考図書 ··· 43

第3章　水環境 ··· 45

- 3.1　有限な資源としての水 ···································· 45
- 3.2　水質指標と水質汚濁 ······································ 48
    - 3.2.1　水質指標の意義と水質環境基準 ···················· 48
    - 3.2.2　理化学的指標 ···································· 50
    - 3.2.3　有機性汚濁の指標 ································ 52
    - 3.2.4　富栄養化の指標 ·································· 58
    - 3.2.5　有害物質指標 ···································· 60
    - 3.2.6　衛生学的指標 ···································· 60
    - 3.2.7　生物学的指標 ···································· 62
    - 3.2.8　水質汚濁の現象と機構 ···························· 62
- 3.3　上下水道と水処理技術 ···································· 65
    - 3.3.1　上水道と浄水処理 ································ 65
    - 3.3.2　下水道と下水処理 ································ 79
- 3.4　水の循環利用 ·· 94
- 3.5　土壌環境の汚染と修復 ···································· 97
    - 3.5.1　土壌環境汚染の現状と要因 ························ 97
    - 3.5.2　汚染修復技術 ···································· 98
- 演習問題 ·· 100
- 参考図書 ·· 100

第4章　廃棄物と環境 ··· 102

- 4.1　廃棄物の発生と分類 ······································ 104
    - 4.1.1　廃棄物の定義と分類 ······························ 104
    - 4.1.2　廃棄物の発生 ···································· 105
- 4.2　廃棄物の処理・処分技術 ·································· 110
    - 4.2.1　収集・運搬 ······································ 112
    - 4.2.2　前処理技術 ······································ 112
    - 4.2.3　高温処理技術 ···································· 114

4.2.4　生物学的処理 ･･･ 124
　　　4.2.5　RDF 処理 ･･ 126
　　　4.2.6　最終処分 ･･･ 128
　4.3　資源再生・リサイクル ･･･ 130
　　　4.3.1　循環型社会 ･･･ 131
　　　4.3.2　資源再生・リサイクル技術 ････････････････････････････････ 136
　4.4　廃棄物処理と環境影響 ･･･ 146
　　　4.4.1　ダイオキシン類の発生と排出制御技術 ･･････････････････････ 147
　　　4.4.2　マニフェスト（産業廃棄物管理票）制度 ････････････････････ 152
　　　4.4.3　環境影響の事前評価と対策 ････････････････････････････････ 152
　演習問題 ･･ 153
　参考図書 ･･ 153

第 5 章　化学物質と環境 ･･ 155

　5.1　化学物質の使用と環境への排出 ･･･････････････････････････････････ 155
　　　5.1.1　はじめに ･･･ 155
　　　5.1.2　化学物質の使用と環境汚染とのかかわり ････････････････････ 156
　　　5.1.3　排出と PRTR 制度 ･･･････････････････････････････････････ 161
　　　5.1.4　化学物質への暴露と摂取 ･･････････････････････････････････ 165
　　　5.1.5　室内空気と化学物質使用 ･･････････････････････････････････ 165
　　　5.1.6　内分泌攪乱化学物質 ･･････････････････････････････････････ 168
　5.2　環境のなかでの化学物質 ･･･ 172
　　　5.2.1　環境のなかでの化学物質挙動とモデル化 ････････････････････ 172
　　　5.2.2　環境挙動理解のための物理化学性状 ････････････････････････ 172
　　　5.2.3　モデル化と濃度予測 ･･････････････････････････････････････ 185
　5.3　化学物質の環境リスクと管理 ･････････････････････････････････････ 187
　　　5.3.1　環境リスクの評価 ･･ 187
　　　5.3.2　環境リスクの管理 ･･ 188
　演習問題 ･･ 191
　参考図書 ･･ 192

附表 1 ··· 193
附表 2 ··· 199
演習問題の解答例 ··· 203
索引 ·· 211

第1章
序論

　21世紀は「環境の時代」であると，多くの人が思っている．しかし，この言葉から受ける印象はさまざまではなかろうか．これまでの環境問題と今後に思いを至すと，私たちがいままでどおりの生活——資源やエネルギーの消費，野放図な廃棄物の排出など——を続けていけば，私たちの住む地域，都市さらには地球全体の環境がますます望ましくない方向へ進みそうであり，失われた環境の回復と良好な環境の保全が急務と考える人がいるであろう．一方で，ややニュートラルとも感じられる表現に，どちらかというと明るい響きを感じる人がいるかもしれない．環境保全を標的にした新たな産業の展開を思い描くこともできよう．

　20世紀の日本の100年間を振り返ると，2度の世界大戦があり，戦後そして1960年代から70年代にかけての経済の高度成長過程において，水俣病やコンビナート公害などの悲惨な公害問題を経験した．その後，重化学工業だけでなく半導体や情報技術などに関連する産業の発展，あるいは，機械化され，化学肥料や農薬を多用する農業への移行の結果として，従来にはなかったさまざまな"もの"が作り出され，利用されて私たちの生活を便利で豊かにしてくれた．一方で，人工的に作り出された物質が，静かに，しかし確実に大気，水，土壌などの生命を育む自然環境を汚染し，生態系や私たち人間の健康に悪影響を与えそうな事態に至っているのである．一方，人と物質の集中による都市化が自動車公害に代表される都市型公害を招き，それは基本的にいまもあまり改善されることなく続いている．環境問題は地球規模の観点で語られるようになり，また，環境についても安全や安心が重要なキーワードとなってきた．

　これらのことの多くは，いま大学で学ぶ諸君にとって同時代の出来事というよりむしろ過去の出来事に属することである．多くの変遷を経て，環境問題は

この 21 世紀に至っている．しかし一方で，マスコミュニケーションの非常に大きな影響のもとにある現代では，膨大な量の情報の摂取を通じて，環境問題への関心と認識は個々人のなかでそれなりに形成されているのではないかと思われる．とくに，日常生活と密接に関連する廃棄物問題，さらにリサイクルや循環型社会の形成については，世代を越えて大きな関心事になっている．環境を学ぶ人々の層が徐々に厚くなっているといえよう．

　本書は，大学の理・工系学科において，一般教養として環境について学ぶときに，そして環境に関連する諸専攻分野の入門段階にあるときに役立つ明解な教科書をめざして執筆した．環境という分野は，従来の学問体系の境界領域にあるという認識が一般に根強い．それは一面的には的を射ているであろう．しかし，自然科学としての環境の科学と工学という体系の出現が，物理学や化学あるいは機械工学などと比較して遅れたということではなかろうか．また，現実問題に対処することから始まって，しだいに学問としての形態が整えられてきたのもこの分野の特徴である．現実の社会と自然はあまりに複雑であるため，扱う範囲は多岐にわたらざるを得ない．しかしそれだけに，環境には強く興味を引かれるものがあり，最近は，既成の学問分野が環境という領域を積極的に取り込もうとしているようにみえる．環境を主題とした新しい体系が生まれるかもしれない．

　欧米の教科書に目を転じると，"Environmental Chemistry"という語の入った書名の図書が少なからず出版されていることに気づく．もちろん，"Environmental Engineering"なる図書も多く存在する．Environmental Chemistry に環境化学という語をあてると，わが国ではとかく狭く認識されがちである．たとえば，水や土壌などの環境試料に含まれる微量の汚染物質を分析し，汚染実態を明らかにすることなどを対象とする環境分析が主体という把握をされがちである．ところが，上記教科書の一例によると，"Environmental Chemistry"とは，化学的に合成された物質が人の健康と自然環境に影響を及ぼすことを扱う枠組みのなかで，大気，水，土壌環境などにおける物質の起源，反応，輸送および運命を対象とする，とされている[1]．重要な点は，環境を化学的な視点と方法論で解析することは，物質濃度の分析のみならず地域から地球規模にまでわたる物質の流れと変換を伴った循環にまでひろがっていること

を認識すべきことと思われる。

　たとえば，望ましい環境像とは何か，環境の保全と調和した持続的な開発とはどのようなものであるのか，など環境という分野ではだれもが認める解を見出すことがむずかしい問題が多い。しかし，汚染された環境を回復するための工学技術にはある程度定まった方法，確立され蓄積された技術の体系があり，環境のなかでの物質の移動，変換などは科学的に記述可能である。物理学，化学，生物学などの原理と応用が，環境の保全および新たな環境の創造に生かされる流れとしくみを学びとってほしい。そして，具体的な視点と一般化ができる視野とを会得し，新たな環境の創造に実践できることを理想として，少なくともそのための一歩を本書に基づく学修から読者諸君が踏み出せれば筆者らの望外の喜びである。

【参考文献】

1) D. W. Connell : Basic concepts of environmental chemistry, p.7, Lewis Publishers (1997)

第 2 章
地球環境と大気

　地球環境問題の象徴としてしばしば引用されるのが 1972 年のローマクラブ報告書「成長の限界」である。このなかでは，人間社会の成長は資源制約と地球環境の観点から 100 年以内に必然的に限界に達するだけでなく，破局にまで至ることを予想しており，これを避けるためには成長から均衡への思い切った舵取りが必要と訴えている。その翌年に起こった第 1 次オイルショックは，一般市民が資源問題を肌で感じる機会となる。しかし，実は「成長の限界」の発表以前にもその重要性は指摘されており，例えばスタンフォード大学保全生物学研究センターのポール・エーリック（P. R. Ehrlich）が 1968 年に発表した「人口爆発」（"The Population Bomb", Ballantine Books, New York, (1968)）のなかでは，人口の急激な増加が引き起こす生態系破壊と資源量の限界が既に予測され，これを回避するための唯一の方法は人口抑制であると警告されている。さらに，人口増加速度と生物種減少速度が，少なくとも比例以上の関係*であることも指摘されている。このような主張は，いずれも**「人類文明が存続するためは，生態系からの継続的な恩恵を得ることが不可欠である」**という理念に基づいている。

　1972 年は国連人間環境会議が初めて開催された年でもあり，地球環境問題にとって重要な分岐点といえるものであった。その後，地球環境という概念が次第に市民権を得て，市民レベルの活動も盛んになり，今日ではさまざまなところで政治や産業・経済活動に影響を与えるようになっている。国家間においても地球環境に起因する諸問題が取り上げられ，国際環境法制定やそれに基づく

---

* 1600 年以前の地球を基準とすれば，現代の人口増加速度は約 40 倍であり，これに対して生物種の減少速度は 40〜400 倍と推定される。

国内法の整備にまで影響を及ぼしている。さらに，地球環境保全理念の浸透は，マスコミ情報や教育を通して，地域社会や個人のライフスタイル選択に対しても大きな影響を与えるようになった。しかし，このような国際的変化は，同時に「21世紀の南北問題」ともよばれる主として経済的な国家間格差の顕在化をもたらしている。

1997年に京都で開催された気候変動枠組条約第3回締約国会議（COP3，京都会議）では，地球温暖化の急速な進行を抑制することを目的として，先進国および市場経済移行国に対する二酸化炭素等温室効果ガスの排出削減を定めた京都議定書が採択され，具体的な数値目標として，先進国全体で2008〜2012年に1990年比で少なくとも5%の排出削減を行う合意がなされた。京都議定書採択までの経緯を**表2.1**に示す。各国の削減目標は日本6%，米国7%，EUは8%となっている。しかし，開発途上国との共同実施の合意には至らず，排出削減量算定の柔軟性確保のため，国家間の排出権取引を受け入れる内容になっている。加えて，2002年3月には，世界全体の温室効果ガス排出量の約1/4を占めるアメリカがこの条約からの離脱を宣言する事態となり，地球環境保全への対処の世界的合意の難しさを露呈した。地球環境問題の解決のためにはその言

表2.1. 京都議定書採択までの流れ

1988年 4月	IPCC*設立
1990年 8月	IPCC第1次評価報告
1992年 5月	気候変動枠組み条約採択
6月	地球サミット開催
1994年 3月	気候変動枠組み条約発効（3月21日）
1995年 3月	第1回締約国際会議（COP1）開催（2000年以降の先進国の取り組みを1997年までにまとめることを決定）
1995年12月	IPCC第2次評価報告書（温暖化を防ぐためには，温室ガス排出量を1990年レベル以下にする必要性を報告）
1996年 7月	第2回締約国際会議（COP2）開催（法的拘束力を有する数値目標を含む内容の受け入れ交渉加速等の閣僚宣言）
1997年 6月	国連環境開発特別総会開催
1997年12月	第3回締約国際会議（COP3）開催（京都議定書の採択（12月11日））

* コラム「IPCC」(p.18) 参照

葉どおりに地球的規模での対処が必須であり，必然的に大多数の国家，個人の合意が必要となる。そのためには精度の高い科学的情報を取得し，それを世界中の人々と共有することが不可欠である。また，現代科学による未来の地球環境の予測精度が十分に高くなければ，その不確かさについても正しく理解したうえで，各個人がそれぞれ判断することも重要となる。

本章では，地球環境ならびに地域的大気汚染問題について整理し，人間活動に起因する大気への環境負荷物質の排出挙動と排出抑制技術についてまとめる。

2.1 大気の形成と組成

表2.2は現在の地球大気の平均組成である。約78％を窒素（N_2）が占め，ほとんどの生命活動のためのエネルギーを生みだす酸化反応に不可欠な酸素（O_2）も約21％の高い濃度を持つ。植物の光合成のための主原料となり，一方では地球温暖化の主因ともされる二酸化炭素（CO_2）の濃度は高々370 ppm（3.2.1

表2.2. 地表付近大気の平均大気組成

成分	濃度（mol％）
窒素（N_2）	78.09
酸素（O_2）	20.95
アルゴン（Ar）	0.93
二酸化炭素（CO_2）*	0.04
ネオン（Ne）	1.8×10^{-3}
ヘリウム（He）	5.2×10^{-4}
メタン（CH_4）	1.4×10^{-4}
クリプトン（Kr）	1.1×10^{-4}
一酸化二窒素（N_2O）	5×10^{-5}
水素（H_2）	5×10^{-5}
一酸化炭素（CO）	1×10^{-5}
オゾン（O_3）*	2×10^{-6}
水蒸気（H_2O）*	0.1〜3

＊ 季節的，地域的変動が大きい成分

項参照）程度である。水蒸気（H_2O）濃度は気温，降雨，水源からの距離など，地域，季節要因や気候条件に大きく影響を受ける。アルゴン（Ar）などの不活性ガスも無視できない濃度で存在する。このような大気はどのような過程で形成されてきたのだろうか。以下，地球誕生の時代にさかのぼり，現在までの変化を概説する。

金星，火星など，主に金属酸化物等の固体で形成される惑星は，「地球型惑星」とよばれる。このタイプの惑星の大気には N_2 が多く含まれることが多いが，酸素は主に CO_2 の形で存在しており，通常，地球大気の組成とは大きく異なっている。地上がマグマの海であった約 45 億年前，地球大気の CO_2 分圧は非常に高く，数十気圧にも達していたと考えられている。小惑星や隕石の落下が少なくなる 40 億年前程度には，地表温度が低下して海の形成が始まる。大気中の CO_2 は海に溶解し，カルシウムイオン（Ca^{2+}）と結合して石灰石（主に $CaCO_3$）として沈積する。これにより，後に述べる「CO_2 による温室効果」が著しく低下するため，地表が冷却される。これがさらに海水を増加させ，大気中 CO_2 濃度が一段と低下するという，正のフィードバックが進行し，大気中の CO_2 分圧は比較的短期間で数気圧程度まで低下したと推定されている。この結果，約 38 億年前には生命が誕生し，光合成を開始する。光合成は光子エネルギーによる (2.1) 式の反応であり，これにより，O_2 が生産され，また合成されたブドウ糖等からは種々の有機物が生まれる。

$$6CO_2 + 6H_2O \rightarrow C_6H_{12}O_6 + 6O_2 \tag{2.1}$$

電子供給者としての水分子の働きを完全なかたちで表すと，(2.1) 式は (2.1)' 式のように表記できる。

$$6CO_2 + 12H_2O \rightarrow C_6H_{12}O_6 + 6O_2 + 6H_2O \tag{2.1'}$$

当初，主に海水や地表の酸化に消費されていた O_2 は，やがて大気中に蓄積されるようになり，現在の濃度程度にまで上昇する。

──────── **コラム**　「地球大気の形成」: ────────

- **マグマオーシャンの時代（45億年前頃）**

　地表を覆うマグマの海（マグマ・オーシャン）と原始大気間の物質交換により，比較的酸化性の大気(主成分は CO_2, N_2)が形成される。CO_2 分圧は数十気圧程度であり，現在の金星大気と類似した状態である。微惑星や隕石の頻繁な落下や高 CO_2 分圧に起因する温室効果により，地表は高温を維持し，海は未だ形成されない。

- **海の形成（～40億年前）**

　微惑星や隕石の落下率減少により，地表温度が徐々に低下し，海の形成が開始される。これに，大気中の CO_2 が溶解し，石灰岩として析出沈殿する。

$$\text{海水の増加} \quad \rightarrow \quad \text{石灰石沈殿による } CO_2 \text{ 固定化}$$
$$\uparrow \quad \text{（正のフィードバック）} \quad \downarrow$$
$$\text{大気中 } CO_2 \text{ 分圧の低下により温室効果が減少し，地表温度が低下}$$

上記のサイクルが進行し，大気中の CO_2 分圧は数気圧程度まで低下する。

- **生命誕生，光合成開始（～38億年前）**

　海にバクテリア等の微生物が誕生して光合成を開始するため，大気中の CO_2 がさらに消費され，有機物（更なる生物体）と O_2 が生産される。しかし，O_2 は海水および地表の金属化合物の酸化に消費されるため，大気中 O_2 濃度はあまり増加しない。

- **縞状鉄鉱床の形成（主に40～16億年前）**

　岩石から海水中に溶出した2価の鉄イオン(Fe^{2+})が，増加した O_2 によって3価のイオン(Fe^{3+})に酸化される。Fe^{3+} は水への溶解度が低いため，水酸化鉄($Fe(OH)_3$)として沈殿する。

$$Fe^{2+} \xrightarrow{O_2} Fe^{3+} \quad / \quad Fe^{3+} + 3OH^- \rightarrow Fe(OH)_3 \downarrow$$

$Fe(OH)_3$ は海底に堆積し，圧力，温度の上昇により徐々に脱水反応（続成作用）が進行して，赤鉄鉱(Fe_2O_3)となる。

$$2\,Fe(OH)_3 \rightarrow Fe_2O_3 + 3\,H_2O$$

　このようにして，大量の酸化鉄が海底で生成した。現在，発見，開発されている大規模な鉄鉱床は，このようにして形成した先カンブリア代の堆積性縞状鉄鉱床である。海水中の Fe^{2+} の酸化が完了し，地表の酸化も終了するにつれ，大気中への O_2 の蓄積が加速してくる。

- **酸素の蓄積，オゾン層形成，生物の陸上進出（約4億年前～）**

　大気中の O_2 濃度があるレベルに達すると，オゾン層が形成され，生物に有害な太陽紫外線の大半を遮断するようになる。これが生物の陸上進出を可能とし，陸上に森林が形成され，大気中 O_2

濃度はさらに増加する。しかし，その後の大気中 O_2 濃度は一定ではなく，例えば約 3 億年前の石炭紀には大森林の形成により，O_2 濃度が現在より高いと推定する報告もある。

・**地球大気の未来（数億年〜数十億年後）**

地球大気組成の将来的な変化については諸説があるが，大半は数億年から数十億年後には地球磁場が消滅し，太陽風（荷電粒子の高速の流れ）による大気の剥ぎ取り効果が加速されるために大気量が減少し，究極的には現在の火星のような薄い大気になると予測している。

――――――― コラム 「ガイア論」： ―――――――

ガイアとはギリシア神話に出てくる地球の女神である。ジェームス・ラブロック（J. Lovelock）は，「**地表の気温，大気組成，海や大地の組成は，ある一定の範囲に安定しており，あたかも自然による制御が行われているように見える**」ことから，地球はそれ自体が一つの生物，少なくとも疑似生物のようなものだととらえた。つまり，地球は単なる不活性な球体ではなく，自ら適応し，制御する「生き物」とみなすことが可能であり，これがガイア論の基本である。一例を挙げると，空気中の CO_2 が増加すると海や岩石が吸収する CO_2 量も増加し，見かけの平衡状態を極力保つよう調節されるといった自然の制御機構であり，このような機構を種々のデータ例より，帰納的に論証している。とくに，地球に生命が存在しない場合，大気組成は現在とは全く異なるものとなり，生物が到底存在できない気候条件になることをシミュレーションした。これは，「**地球がたまたま生命の生存にとって都合の良い状態であるために生物が繁栄しているのではなく，生物の存在が生物自身の生存に都合の良い環境を自ら作り出している**」という考え方を支持するものである。

2.2 地球環境問題の特質

地球環境（global environment）は地域環境（local environment）や公害（pollution）と対比される概念であり，国境を越えた極めて広域，あるいは地球全体規模での環境を表す。したがって，気圏，水圏，地圏および人間を含む生態系のすべてを包含するものである。このような広域にわたる環境影響に対する人為的，かつ一次的な要因は，産業や民生活動による大気への物質放散である場合が多い。近年とくに地球環境問題として取り上げられる現象は，地球温暖化（global warming），オゾンホール（ozone hole），酸性雨・霧（acid rain, acid fog）である。地球レベルの気候変動は数十年を経た結果に変動から分離されて観測されるものである。図 2.1 に人間が持つ空間と時間への感覚概念を模式的に表す。地球環境問題は空間的にも時間的にも自己から遠い位置にあり，身近に意識することが難しい。

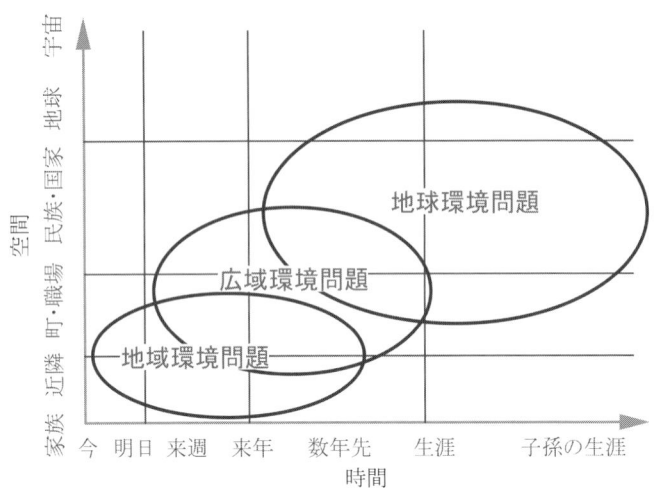

図 2.1. 人間の空間・時間感覚における環境問題（出典：前田による）

2.3 地球温暖化

「大気中 CO_2 濃度の上昇によって地表温度が上昇する結果，極地の氷が溶け出して海面上昇が起こる。これにより，オランダの低地や海抜数 m の島が多いマーシャル諸島等は水没の危機にさらされている。」

　このような情報は多くのメディアから発信され，「現代の常識」の一つになっている。一方，地球規模の気候変化の予測は不確実性が高く，これまでいろいろなレベルで多くの検討が行われてきたものの，結果の信頼性についての議論が耐えない。しかしながら，気温や大気中 CO_2 濃度，平均海面水位変化等に関するデータ数の増加や測定方法の向上，理論的シミュレーションのためのハードやソフト技術の進展により，徐々に信頼性が上昇している。図 2.2 は，1961～1990 年を基準とした地球全球での過去 140 年間の気温推移である。1943 年頃をピークとして若干低下しつつあった気温は，1970 年頃から上昇に転じ，最近は急激に上昇する傾向にある。また，紀元 1000 年頃からの気温推移を考慮すると，近年の気温上昇は特異的といえる。

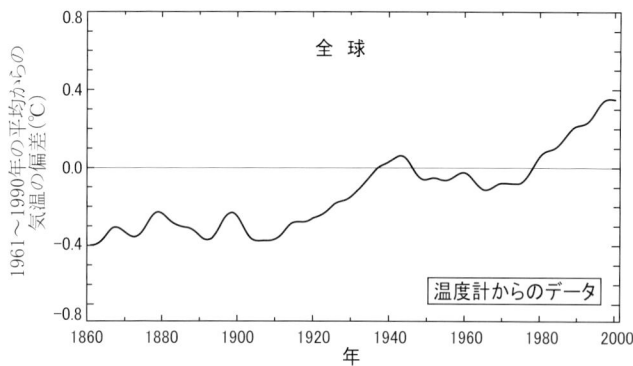

図 2.2. 過去 140 年間の地表平均気温の推移（出典：気候変動に関する政府間パネル（IPCC），第三次評価報告書，(2001)）

2.3.1 地球温暖化のメカニズム

地球上の昼にあたる部分は，太陽からの放射（輻射）エネルギーを受けている。太陽表面の平均温度は約 5800 K であり，人間の可視光領域にあたる 0.5 μm 程度の波長域での放射エネルギー強度が最大値を示す（図 2.3）。一方，地球からも宇宙空間に向けて主に赤外光が放射されており，地表平均温度である約 290 K（17℃）での最大放射は 10 μm 程度の赤外波長域にある。地表温度は太陽表面と地表のこのように温度差に基づく放射エネルギーのバランスによって決定されている。

ここで，地球単位表面あたりの太陽放射エネルギー（太陽定数）を S（≒ 1370 W/m^2），地球の半径を r（≒ 6370 km），地球における太陽光の平均反射率（アルベド：albed）を A（≒ 0.3），地表から宇宙空間への見かけの放射率を ε_e（≒ 0.61）とすると，以下の関係式が成り立つ。

[太陽光から地表が受けるエネルギー]＝[地表から宇宙へ放射されるエネルギー]
$$S\pi r^2 (1-A) = 4\pi r^2 \varepsilon_e \sigma T_e^4 \qquad (2.2)$$

なお，σはステファン－ボルツマン定数（Stefan-Boltzman low, ≒ 5.67×10^{-8} J/m^2・K^4・s），T_e（K）は地表平均温度である。上式より T_e を求めると 288.5 K（15.4℃）となり，現在の平均地表温度とほぼ一致する。(2.2) 式は，ε_e が増加

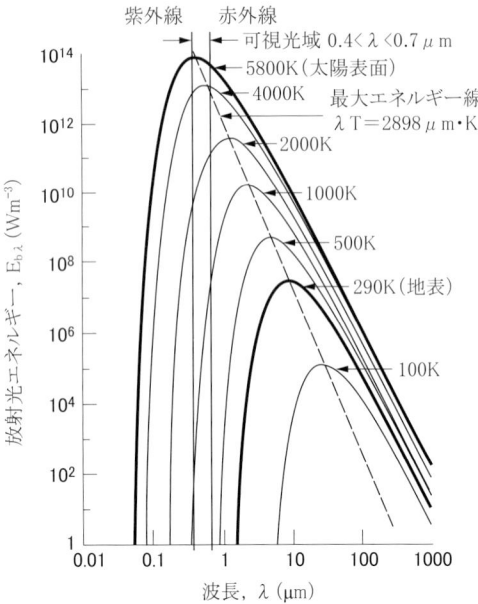

図 2.3. 黒体温度と放射光エネルギーの関係

すれば地表温度が低下し，減少すれば上昇することを表している．地球温暖化は地表から宇宙に放射されようとする赤外線を CO_2 や H_2O などのガス分子が吸収し，ε_e が減少することによって進行する．このように，地表から宇宙への赤外線放射を妨げる現象を温室効果（greenhouse effect），このような効果を持つガス種を温室効果ガス（GG: greenhouse gas）とよぶ．一方，(2.2) 式からは地球における太陽光の反射率 A の変化によっても地表温度が変化することが予想される．反射率は地表における水面，氷雪面，森林，雲の面積率や大気中の微粒子（火山灰微粒などエアロゾル）濃度等で決定されるが，大規模な火山噴火や隕石衝突以外には大きく変化しないと考えられている．したがって，地表温度は一次的には主として大気中の温室効果ガス濃度の影響を受けることになる．

2.3.2 温室効果ガス

地球全体での温室効果の程度は，温室効果を持つガス種の大気中濃度と温暖

化指数(GWP: global warming parameter)の積の和で表すことができる。現在大気中濃度が増加している代表的な温室効果ガスは,CO_2の他,メタン(CH_4),亜酸化窒素(N_2O),フロン(CFC: chlorofluorocarbon)などである。**表2.3**に各ガス種の大気中平均寿命とCO_2を1とした場合の温暖化指数を示す。**図2.4**にはCO_2,H_2Oおよび大気の光吸収スペクトル例を示す。これらのガスは,太陽光(0.4〜0.7 μm程度の波長域)に比べて地球からの放射(2〜100 μm程度の波長域)に対する吸収率が高いことがわかる。実際にはCO_2よりH_2Oの温室効果が大きいが,H_2Oの大気中濃度は主に水の自然循環過程で決定されており,産業活動が与える影響は二次的なものとされている。ただし,温暖化の進行は

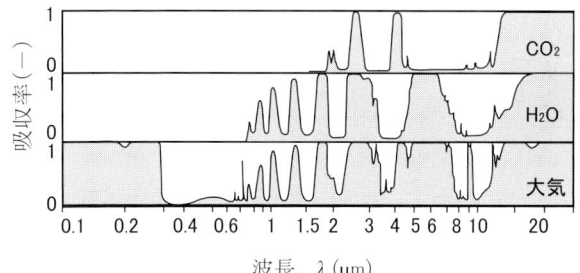

図2.4. CO_2,H_2Oおよび大気の光吸収スペクトル例(出典:(社)環境情報科学センター編,図説環境科学,朝倉書店(2000),p.97)

表2.3. 各ガス種の大気中寿命と温暖化指数

ガスの種類	化学式	寿命(年)	温暖化指数(GWP)		
			20年	100年	500年
二酸化炭素	CO_2	不定	1	1	1
メタン	CH_4	12±3	56	21	6.5
亜酸化窒素	N_2O	120	280	310	170
CFC-11	$CFCl_3$	55	4500	3400	1400
CFC-12	CF_2Cl_2	116	7100	7100	4100
六フッ化硫黄	SF_6	3200	16300	23900	34900
パーフルオロメタン	CF_4	50000	4400	6500	10000

地球上の水循環にも大きな影響を与えることは自明である。

2.3.3 CO_2の排出源と推移

図 2.5 に 1900 年を基準とした世界の人口と人間活動に起因する CO_2 排出量変化を示す。CO_2 排出量は 1900 年の 5 億 3400 万 t (炭素換算) から 1997 年の 65 億 9000 万 t へと 100 年間で約 12 倍に増加している。これにより、大気中の CO_2 濃度は約 300 ppm から約 370 ppm へ 2 割以上増加してきた。図 2.6 には CO_2 排出量推移を地域別に積み上げて示した。北米、欧州、アジア、中東・アフリカがそれぞれ 1/3 を占め、近年はアジアや中東・アフリカの排出率増加が著しい。日本は 5.1 % 程度で安定した値である。

わが国の主要部門における CO_2 排出量の推移を図 2.7 に示す。既に 1990 年には世界的にも高いエネルギー効率を有していた各種産業および工業プロセスであるが、その後も更なる省エネルギー技術や高効率設備の導入などにより、CO_2 排出量のさらなる低下が図られている。一方、民生関係の排出は 1990 年比では増加しており、特に運輸関係では自動車登録台数の増加を反映して、2 割以上の大幅な増加となっている。

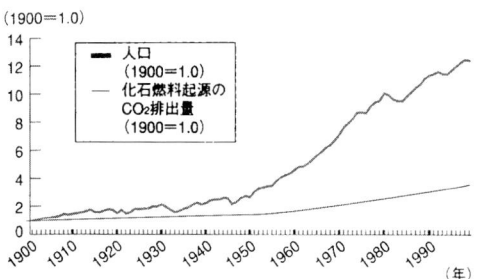

図 2.5. 世界人口と人間活動に起因する CO_2 排出量の変化 (1900 年基準) (出典: 環境白書 (平成 14 年度版))

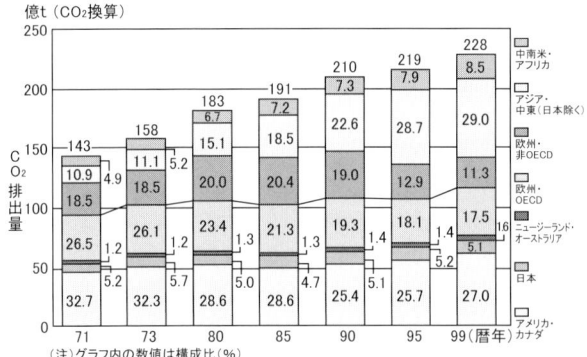

図 2.6. 地域別 CO_2 排出量の変化（出典：エネルギー・経済統計要覧（2002））

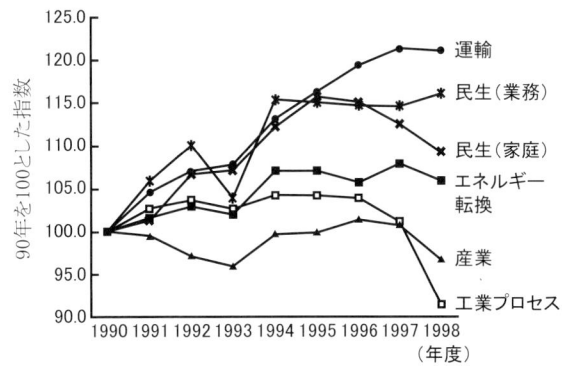

図 2.7. わが国の主要部門における CO_2 排出量の推移（出典：環境省）

2.3.4 地球温暖化の影響

地表平均気温の上昇は海面上昇や砂漠化以外にも，二次的影響も含めて広範囲に及ぶことが指摘されている．以下，IPCC (Intergovernmental Panel on Climate Change：気候変動に関する政府間パネル) の第3次評価報告書（2001年）に基づいて概説する．

1861年以降，地表温度は世界平均でおよそ0.6℃上昇（図2.2を参照）し，積雪面や海氷面の割合の減少も認められる．平均海面水位は，20世紀の間で0.1～0.2 m上昇しており，同時にエルニーニョ現象が頻発，長期化している．

熱波，寒波，豪雨，干ばつ，台風，ハリケーンの強さや発生数増加など，異常気象の発生頻度も増加しており，大規模異常気象による 1999 年の経済損失は世界全体で 400 億 US ドルと推計されている。また，気象変動によって耕作可能面積と植生領域が減少し，水不足によって深刻な影響を受ける地域が増加している。とくに熱帯地域では，現在の気温が農作物を耕作可能な許容上限に近い場合が多く，乾燥地帯も支配的であることから，わずかな気温上昇が深刻な食料供給不足につながる可能性がある。沿岸域では高潮浸水による洪水，浸食の加速や湿地帯，マングローブ帯，淡水域の減少も懸念される。

コラム エルニーニョ現象：

太平洋赤道域の中央部（日付変更線付近）から南米のペルー沿岸にかけての広い海域で海面水温が平年に比べて高くなり，その状態が半年から 1 年半程度続く現象であり，スペイン語で「男の子（神の子イエスキリスト，El Nino）」を意味する。これとは逆に，同じ海域で海面水温が低い状態が続く現象をラニーニャ（女の子，La Nina）とよぶ。気象庁では，エルニーニョ監視海域の海面水温の基準値（1961 年から 1990 年までの平均）との差の 5 か月移動平均値が 6 か月以上続けて +0.5℃以上となった場合をエルニーニョ，−0.5℃以下となった場合をラニーニャと定義している。

地球温暖化による気候変動の影響は，先進国に比較して開発途上国で大きいと予想され，経済損失の他にも罹病率や死亡率の上昇などに顕著にあらわれる可能性がある。とくにアジアの熱帯，亜熱帯の沿岸低地では，海面水位上昇と台風強度増大などによって数千万人の人々が移住を余儀なくされると警告されている。その他，雷の頻度増加による森林火災の増加，高緯度地域では永久凍土地帯南限の北上による産業への影響，凍土下に封じ込められていたメタンガスの放出が懸念される。一方，植生モデル研究などからは，致命的な生態系崩壊に至る可能性も報告されている。

図 2.8 にはわが国で予想される地球温暖化の影響をまとめた。

2.3.5 将来予測

地球温暖化現象について，IPCC による排出シナリオの一つでは次のように予測されている。2100 年頃の CO_2 濃度は 540〜970 ppm と現在の約 2〜3 倍に増

加し,これによる 1990 年から 2100 年までの平均地表温度の上昇は 1.4〜5.8℃であるが,ほとんどの陸地では全地表平均よりも急速な温暖化が進行する。1990〜2100 年の海面上昇は 0.09〜0.88 m と推定され,気温上昇,海面水位上昇ともに 2100 年以降も続くことになる。しかし,現状の気候モデルには考慮されていない他の重要な影響因子も存在する可能性があり,不確実性の考慮が不十分であることにも留意すべきである。

図 2.8. 日本で予想される地球温暖化の影響(出典:環境白書(平成 14 年度版))

> **コラム** IPCC（Intergovernmental Panel on Climate Change,
> 気候変動に関する政府間パネル）：
>
> 人為的な気候変動のリスクに関する最新の科学的・技術的・社会経済的な知見をとりまとめて評価し、各国政府にアドバイスおよびカウンセルすることを目的とした機構であり、以下の特徴がある。
>
> (1) 政府関係者に限らず、世界有数の科学者が多数参加する。
> (2) 従来発表された研究を広く調査し、評価（assessment）を行う。
> (3) 科学的知見を基にした政策立案者への助言を行う。
>
> 三つの作業部会（Working Group: WG）があり、WG-Ⅰは気候システムと気候変動に関する科学的知見、WG-Ⅱは気候変動に対する社会経済システムや生態系の脆弱性、気候変動の影響および適応策、WG-Ⅲは温室効果ガス排出抑制と気候変動緩和策について、それぞれ評価している。IPCCのビューロー（議長団）は30名で構成され、常設事務局はジュネーブのWMO (the World Meteorological Organization: 世界気象機構) 本部内に設置されている。

2.4 オゾン層破壊

大気中オゾン（O_3）の90〜95％は成層圏（10km以上の上空層）に存在し、なかでも地上20〜50 kmでの濃度が高いため、オゾン層とよばれる。ここでは、太陽からの紫外線の作用により、以下のような反応（Chapman機構）が進行している。

$$O_2 \rightarrow O + O \tag{2.3}$$

$$O + O_2 + M \rightarrow O_3 + M \tag{2.4}$$

$$O_3 \rightarrow O_2 + O \tag{2.5}$$

$$O + O_3 \rightarrow 2O_2 \tag{2.6}$$

太陽から照射される紫外線のうち、生物に有害[*]とされる300 nm程度の波長

---

[*] 生体に有害：紫外線は波長が長い順にUV-A: 320〜400 nm, UV-B: 280〜320 nm, UV-C: 190〜280 nmに分類される。遺伝子を構成する核酸（DNA）を含めほとんどの生体構成物質は280〜320 nmの波長を吸収し、破壊作用を受けるため、UV-Bが特に有害とされる。また、UV-Cは他のガス種によっても吸収されやすく、オゾン濃度減少の影響は少ないとされる。

域のほとんどは，(2.3)～(2.6)式のようなオゾン層における光化学反応によって吸収されている。

フロン*(CFC: chlorofluorocarbon)，HCFC（hydro-chlorofluorocarbon），ハロン*，臭化メチル*等はオゾン層破壊物質とよばれ，成層圏のオゾンを分解することが指摘されている。なかでもオゾン層破壊の主因とされるフロンは，1930年にアメリカで冷媒，洗浄剤，発泡剤，噴射剤等の用途に開発され，毒性がなく，扱いやすい液体として急速に使用量が拡大してきた。環境に排出されたフロンが成層圏へと上昇拡散すると，強い紫外線を受けて分解され，活性な塩素（Cl）を放出する。Cl濃度の増加は，図2.9に示すような酸化塩素（ClO）を介する反応サイクル（ClO cycle）を促進し，O_3を分解しつつ，触媒のように繰り返し利用される。したがって，少量のCl源の増加が大量のO_3分解，減少を引き起こすことになる。

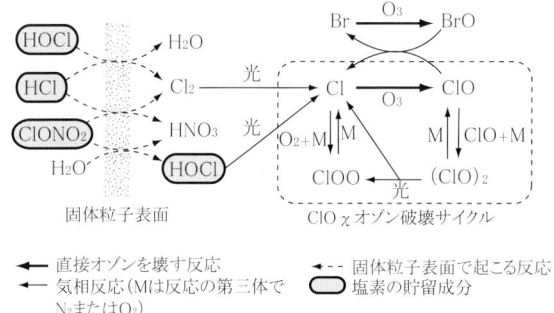

図2.9. オゾンホールにおける塩素の反応系（出典：図説環境科学，朝倉書店，p.105，(2000)）

---

* フロン：C, F, Cl, Hからなる化合物であり，番号の1，10，100の位（0のときは省略）は，それぞれ（Fの数），（Hの数＋1），（Cの数－1）を意味する。例えばフロン113は，Fが1個，Hが0個，Cが4個よりなる化合物である。広義にはハロンを含む。
* ハロン：C, Br, Cl, Hからなる化合物であり，消化剤等に用いられる。
* 臭化メチル（CH_3Br）：ブロモメタンともよばれ，土壌のくん蒸や農産物の検疫くん蒸等に用いられる。

オゾン層破壊の危険性は，ClO cycle の基本的なメカニズムとともに，1974年にモリーナとローランドによって既に指摘されていた（M. J. Molina and F. S, Rowland: Nature, 249 (1974), 810）。これは，全球的に成層圏のオゾン濃度減少が進行している測定事実や，南極上空のオゾン濃度が極端に低い箇所（オゾンホール：ozone hole）の出現によって確認された。その後も規模が拡大する傾向にあり，2000 年には過去最大規模のオゾンホールが観測されている（図 2.10）。

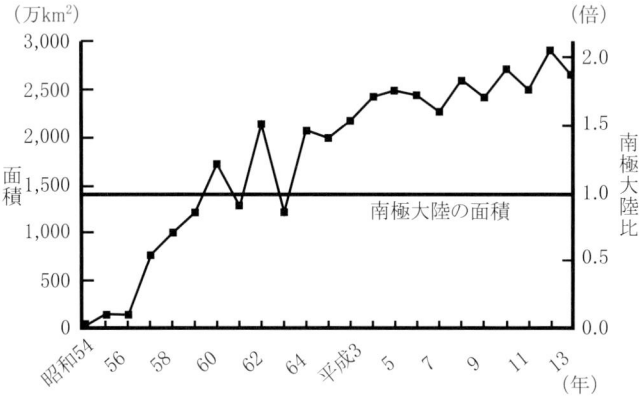

図 2.10. 南極のオゾンホール規模の推移（出典：環境白書（平成 14 年度版））

前述したように，O_3 は O_2 に紫外線が作用して生成するため，紫外線の強い赤道付近で多く生成する。しかし，成層圏では赤道付近から極への気流が確認されており，これとともに O_3 が運ばれることにより，極付近の O_3 濃度レベルが維持されてきた。一方，この気流によってオゾン層破壊物質も極付近に供給され，両者のバランスが崩れることによりオゾンホールが形成されるものと推定できる。しかしながら，南極とほぼ同様の条件である北極では，オゾンホール出現頻度が比較的低く，また，南極のオゾンホールは春先（9 月から 10 月）に拡大することが知られている。このような現象は以下のように説明される。南極付近では，冬から春にかけて極渦とよばれる大きな西回りの風が吹く。このため，極付近が周囲と孤立した気象条件に置かれ，成層圏では −90℃ にも達

する低温となり，主に氷の微粒子等からなるエアロゾル*の雲が発生する。エアロゾル粒子表面では $ClONO_2$ 等が分解し，窒素成分が硝酸（HNO_3）の形で閉じ込められる。これにより，$HOCl$ や Cl_2 等が生成し，その光分解によって O_3 を分解する活性な Cl が生成する。

　表 2.4 にモントリオール議定書に基づくオゾン層破壊物質の規制スケジュールを示す。わが国での主なオゾン層破壊物質の生産は，このスケジュールに従って 1995 年に中止されている。しかし，未だエアコンや冷蔵庫の冷媒として機器に充填される形で残っており，これらの回収と分解（表 2.5）が進められている。

表 2.4．モントリオール議定書に基づく規制スケジュール（出典：環境白書（平成 14 年度版））

物質名	先進国に対するスケジュール		途上国に対するスケジュール	
特定フロン	1989 年以降 1994 年 1996 年	1986 比　100%以下 25%以下 全　　廃	1999 年以降 2005 年 2007 年 2010 年	基準量比　100%以下 50%以下 15%以下 全　　廃
ハロン	1992 年以降 1994 年	1986 比　100%以下	2002 年以降 2005 年 2010 年	基準量比　100%以下 50%以下 全　　廃
その他の CFC	1993 年以降 1994 年 1996 年	1989 比　80%以下 25%以下 全　　廃	2003 年以降 2007 年 2010 年	基準量比　80%以下 15%以下 全　　廃
四塩化炭素	1995 年以降 1996 年	1989 比　15%以下	2005 年以降 2010 年	基準量比　15%以下 全　　廃

---

* エアロゾル：大気に浮遊する固体や液体の微細な粒子。分子やイオン径にほぼ等しい 1 nm 程度から花粉のような 100μm 程度まで広い粒径分布を持つ。さまざまな種類があり，重金属粒子やディーゼル黒煙，たばこの煙，アスベスト粒子，放射性粒子など，環境汚染や健康影響に関する議論が多い。また，大量のエアロゾルは，地球温暖化や酸性雨，オゾン層破壊など，地球環境問題に大きな影響を与える。一方では，降雨や降雪に欠かせないものであり，最近は nm オーダーの超微細粒子の特性を利用した機能性材料や新しい薬剤や農薬の開発等に対するエアロゾル技術の寄与が期待されている。

物質名	先進国に対するスケジュール		途上国に対するスケジュール	
トリクロロエタン	1993年以降 1994年 1996年	1989比　100%以下 　　　　　50%以下 　　全　　廃	2003年以降 2005年 2010年 2015年	基準量比　100%以下 　　　　　70%以下 　　　　　30%以下 　　全　　廃
HCFC	1996年以降 2004年 2010年 2015年 2020年	基準量（キャップ2.8%）比 　　　　　100%以下 　　　　　65%以下 　　　　　35%以下 　　　　　10%以下 　　全　　廃 （既存機器への補充用を除く）	2016年以降 2040年	2015比　100%以下 　　全　　廃
HBFC	1996年以降	全　　廃	1996年以降	全　　廃
ブロモクロロメタン	2002年以降	全　　廃	2002年以降	全　　廃
臭化メチル	1995年以降 1999年 2001年 2003年 2005年	1991比　100%以下 　　　　　75%以下 　　　　　50%以下 　　　　　30%以下 　　全　　廃	2002年以降 2005年 2015年	基準量比　100%以下 　　　　　80%以下 　　全　　廃

表2.5. 主なフロン破壊処理技術（出典: 環境白書（平成14年度版）に加筆）

破壊処理技術	技術の内容
ロータリーキルン法	廃棄物焼却炉であるロータリーキルンにフロンを吹き込み，焼却して破壊する
セメントキルン法	セメント焼成炉であるロータリーキルンにフロンを吹き込み，焼却して破壊する
都市ごみ直接溶融炉を使用する方法	廃棄物焼却炉である都市ごみ直接溶融炉にフロンを吹き込み，焼却して破壊する
固定床二段階燃焼炉を使用する方法	廃タイヤ焼却炉である固定床二段階燃焼炉にフロンを吹き込み，焼却して破壊する
流動床式製鉄ダストばい焼炉を使用する方法	流動床式製鉄ダストばい焼炉にフロンを吹き込み，焼却して破壊する

破壊処理技術	技術の内容
石灰焼成炉を使用する方法	生石灰製造設備である石灰焼成炉にフロンを吹き込み，焼却して破壊する
高温水蒸気熱分解法	水蒸気，LPGとともにフロンを燃焼室に注入し，高温条件下で加水分解して破壊する
高周波プラズマ法	プラズマ状態にした反応器内にフロンと水蒸気を注入し，加水分解して破壊する
酸化チタン触媒法	約440℃に加熱したフロンと水蒸気を反応器に注入し，酸化チタン系触媒を用いて反応させて破壊する
溶融塩接触反応法	クロロベンゼンなど有機塩素化合物処理のための溶融アルカリ水酸化物と反応させ，無機塩にして破壊する

　一方，環境のなかに排出されたフロンは5〜10年程度で対流圏（地上10km以下の大気層）から成層圏に拡散していくため，1990年代に放出されたフロンの一部は未だ成層圏に達していない可能性があり，今後もしばらくはオゾン層破壊が進行すると危惧されている。

―――― **コラム**　フロン回収券：――――
　2002年10月にフロン回収・破壊法が施行され，使用済自動車のエアコン等に使用されているフロン類の引取・破壊が義務付けられた。カーエアコン中のフロンは自動車引取業者を経て，フロン回収業者に渡り，最終的には自動車製造事業者が分解することになる。これらに要する費用はユーザーが負担するように定められており，具体的には，廃車の際に保有者が「自動車フロン券」を郵便局やコンビニで購入し，自動車とともに引取業者に引き渡す制度になっている。

2.5　酸性雨

　酸性雨の主因は，石炭や石油などの化石燃料の燃焼過程で，燃料に含まれる硫黄の酸化によって生成する硫黄酸化物（SOx）と燃料中や空気中に存在する窒素の酸化で生じる窒素酸化物（NOx）である。これらの物質は大気中での反応によって硫酸（H_2SO_4）や硝酸（HNO_3）に変化し，雨滴に吸収（湿性沈着）されてpHの低い酸性の雨を降らせる（図2.11）。同様な湿性沈着によりpHの低い霧や雪も生じる。北欧や北米では，酸性雨による湖沼酸性化や森林域衰退

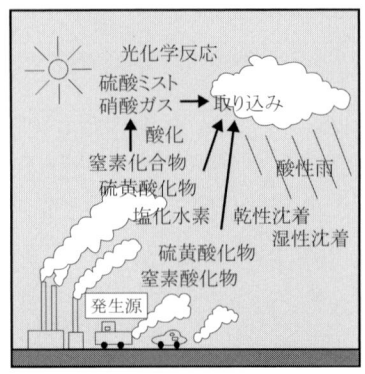

図 2.11. 酸性雨発生の概要

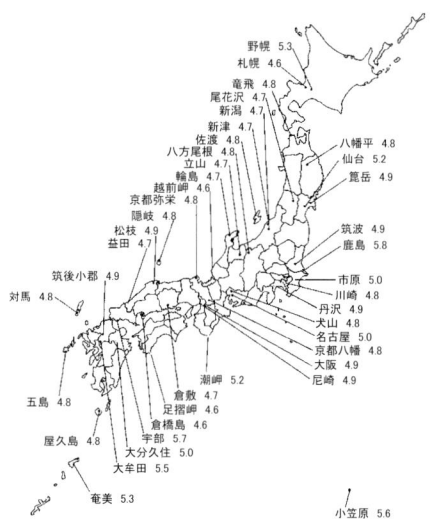

図 2.12. 日本の降水中 pH の分布（1997 年度）（出典：環境白書（平成 14 年度版））

が早くから指摘されており，国境を越えた広域環境問題となっている．環境庁の調査結果によると，わが国でも 図 2.12 に示すように欧米並みに pH が低い酸性雨が観測されているものの，生態系への明確な影響は認められていない．しかし，今後もこのような酸性雨が継続すれば将来には影響が発現することが懸

念されている．酸性雨は，欧米先進工業国以外にも，中国，東南アジアなどを含む世界的規模で影響をもたらしている．これは，SOxやNOx等原因物質の移動性が高いことに起因しており，発生源から数千km離れた地域に運ばれることも珍しくない．近年の開発途上国における工業化進展により，原因物質の排出量は増加しており，酸性雨被害の拡大が懸念されている．

約370 ppmのCO_2を含む平均組成大気と平衡する水のpHは約5.6である．つまり，pHが5.6以下を示す雨は炭酸イオン（CO_2^{2-}）以外の酸性物質を含んでおり，これが酸性雨とよばれる理由である．実際には，雨のpHにはアンモニア，カルシウム，マグネシウム，ナトリウム等，含有される塩基性物質の濃度も大きく影響する．欧州の雨水に含まれる陰イオンの半分以上が硫酸イオン（SO_4^{2-}），約3割が硝酸イオン（NO_3^-）と報告されているが，わが国では硝酸イオン割合が高くなる場合が比較的多い．

大気中に存在する硫黄の主な化合物形態を**表 2.6**に示す．これらの濃度は通常，極めて小さく，地域，時間，高度によって大きく変動する．これは，いずれの気体も反応性に富むため，雨滴や固体表面に吸収・除去されてしまうか，エアロゾル状に変化するからである．しかしながら，都市や産業起源の発生源の影響が少ない海洋上大気からも，ある程度のSO_2が検出される．これは，海水から放出された硫化ジメチル（$(CH_3)_2S$: DMS）が酸化したものと考えられている．このように，SO_2は人間活動以外にも，海洋や生物起源をあわせると年間300 Tg（Tg: 10^9 kg）に迫る発生量があるという推定もあり，さらに，火山活動においても年間1.5～50 Tgの範囲で発生するとされる．人間活動によるSO_2発生は年間150 Tg程度であるため，発生割合だけを考えれば，自然活動に由来するものが大きい．しかしながら，酸性雨の被害は主に人工発生源に起因したものであり，北欧や北米では湖沼の酸性化が深刻である．たとえば，植物プランクトンの激減や岩石からのアルミニウムイオンの溶出による魚類の死滅などが報告されており，中和のために大量の石灰散布等の処置を行っている国もある．また，酸性雨および硫黄酸化物，窒素酸化物，オゾン等の大気汚染物質が複合的に作用して，樹木の黄変，芽や葉の喪失，樹木の枯死などの影響が生じることも報告されている．ドイツのシュバルツバルト（黒い森）の被害は代表的なものであるが，北米や中国においても同様の大規模被害が報告されて

いる。その他，淡水生物への影響，建築物や石像などの歴史的資産の溶出，地下水の酸性化の進展，赤潮の発生頻度上昇などが指摘されている。

表2.6. 大気中の硫黄化合物の存在形態（出典：日本化学会編：化学総説 大気の化学，学会出版センター（1990））

酸化度	気体	エアロゾル	雲，降水
+6	SO_3	H_2SO_4, HSO^{4-}, NH_4HSO_4, $(NH_4)_2SO_4$	SO_4^{2-}
+4	SO_2	H_2SO_3, HSO_3^-, CH_3SO_3H	H_2SO_3, HSO_3^-, SO_3^{2-}, $HOCH_2SO_3^-$, $CH_3SO_3^-$
0	−	S	$(CH_3)_2SO$
−2	H2S, RSH, RSR, RSSR, CS2, COS	−	−

―――― コラム　ウィーン条約と関連議定書： ――――

・長距離越境大気汚染条約（ウィーン条約）

1979年に国連欧州経済委員会（UNECE）において採択された条約で，1983年3月に発効した。加盟各国に越境大気汚染防止のための政策を求めるとともに，排出防止技術の開発，酸性雨の影響に関する研究推進，国際協力の実施，酸性雨モニタリングの実施等が規定されている。

・ヘルシンキ議定書

長距離越境大気汚染条約に基づき欧州21カ国が1985年に署名し，1987年9月に発効した。1980年時点のSOx排出量のうち最低30%を1993年までに削減することを定めている。

・ソフィア議定書

長距離越境大気汚染条約に基づき，欧州25カ国が1988年に署名し，1991年2月に発効した。1994年までにNOx排出量を1987年時点の排出量に凍結することを定めている。同時に新規排出施設と自動車に対し，経済的に利用可能な最良技術を適用しなければならないと規定している。さらに，西欧12カ国では，1989年から10年間でNOx排出量の30%削減を宣言している。

2.6　大気汚染物質と処理技術

わが国では，健康や生活環境の保全のための目標として，大気，水，土壌，騒音に対して種々の環境基準が定められている。表2.7にわが国の大気汚染に

かかわる各環境基準値を示す。これらの環境基準を達成するために，関連する汚染物質の主な排出源に，大気汚染防止法による排出基準が定められている。また，自治体はそれらの排出基準に代えて地域の現状に見合った独自の基準（上乗せ排出基準）を設定することも可能である。

表2.7. 大気汚染にかかわる環境基準値

汚染物質	環境基準値
二酸化硫黄（SO_2）	1日平均値が 0.04 ppm 以下であり，かつ，1時間値が 0.1 ppm 以下であること
一酸化炭素（CO）	1日平均値が 10 ppm 以下であり，かつ，8時間平均値が 20 ppm 以下であること
二酸化窒素（NO_2）	1日平均値が 0.04 ppm から 0.06 ppm までのゾーン内，またはそれ以下であること
光化学オキシダント（Ox）	1時間値が 0.06 ppm 以下であること
ベンゼン（benzene）	1年平均値が 0.003 mg m^{-3} 以下であること
トリクロロエチレン（tri-chloroethylene）	1年平均値が 0.2 mg m^{-3} 以下であること
テトラクロロエチレン（tetra-chloroethylene）	1年平均値が 0.2 mg m^{-3} 以下であること
ジクロロメタン（di-chloromethane）	1年平均値が 0.15 mg m^{-3} 以下であること
浮遊粒子状物質（SPM）	1日平均値が 0.10 mg m^{-3} 以下であり，かつ，1時間値が 0.20 mg m^{-3} 以下であること
ダイオキシン類	1年平均値が 0.6 pg-TEQ* m^{-3} 以下であること

* TEQ: 毒性等価量（最大毒性を持つ 2378-TeCDD に換算した値）

2.6.1 ガス状物質

(1) 硫黄酸化物（SOx）

SOxは二酸化硫黄（SO_2），亜硫酸ガス（SO_3）など硫黄酸化物の総称であり，主に石炭や重油などの化石燃料に含まれる硫黄の燃焼時の酸化に伴い生成し，さまざまな産業活動によって発生する（図 2.13）。気管支炎，喘息などの呼吸器系疾患や酸性雨・霧の原因とされており，4大公害病の一つである「四日市ぜんそく」（1962年頃から発生）はSOxに起因する健康影響被害の代表例とい

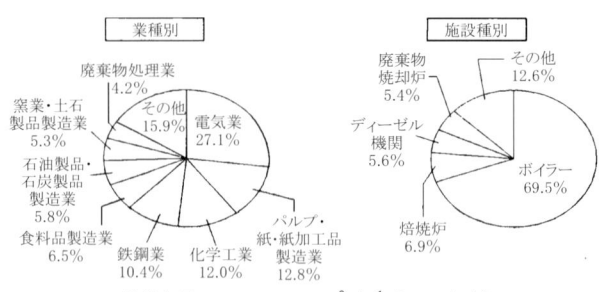

図 2.13. 硫黄酸化物（SOx）排出量の内訳（出典：環境白書（平成 14 年度版））

える。わが国では 1980 年にはほぼ環境基準を達成しているが，東欧やアジアの発展途上国では現在も深刻な問題となっている。

a. SOx の排出規制

SOx の排出規制は，煙突から拡散して地上に到達した時の最大着地濃度地点濃度を定量化した K 値とよばれる定数を用いて算出する排出量と排出総量の二つの数値によって行われている。

K 値による排出基準は次のように求める。

$$q = K \times 10^{-3} He^2 \tag{2.7}$$

q は SOx の許容排出量（$Nm^3\ h^{-1}$：標準状態（0℃，1 気圧）に換算した 1 時間あたりの排出体積），He は補正した排出口の高さ（m：煙突実高＋煙上昇高），K は地域別に定める定数であり，SOx の高濃度汚染が生じるおそれがある地域ほど厳しく設定される。

工場や事業場が集積し，施設ごとの K 値規制のみでは環境基準の達成が困難である地域については，国の指定により地域全体での排出許容総量を設定することができる（現在 24 地域）。総量規制基準は次式で求める。

$$Q = aw^b \tag{2.8}$$

ここで，Q は排出許容量（$Nm^3\ h^{-1}$：標準状態（0℃，1 気圧）に換算した 1 時間あたりの排出体積），w は発生施設での全原燃料使用量（$kL\ h^{-1}$，重油換算），

a は削減目標を達成するために都道府県知事が定める定数，b は 0.80〜1.0 で都道府県知事が定める定数である．新設の工場や設備についてはより厳しい総量規制基準が適用できる．また，規制対象外の小規模工場等ついては，使用する燃料中の硫黄成分濃度基準が定められている．

b. SOx の排出削減技術

SOx 排出量の低減方法としては，低硫黄燃料の使用，燃料からの脱硫，排煙脱硫がある．一般に天然ガス中の硫黄含有量は少なく，低硫黄の石油や石炭も産出されるが，いずれも資源的制約が大きい．ある程度以上の硫黄を含む場合は，脱硫とよばれる硫黄除去プロセスが必要となる．

①燃料の脱硫：原油や石炭からの硫黄分除去に関する研究は種々行われているものの，コスト的に成立しないため実用に至っていないのが現状である．したがって，後述する排煙脱硫によって最終的に排出を抑える方法が採られる．一方，重油や石油半製品からの脱硫は，主として触媒を利用する高圧下での水素化脱硫法によって行われる．触媒としては Co-Mo や Ni-W 等を担持したセラミックス充填層が使用され，蒸留油の場合は温度 300〜500℃，圧力 1〜4 Mpa で脱硫が可能であるが，残油では 15 MPa 程度まで昇圧することが必要となる．このため，残油を減圧蒸留して得られた軽油のみを脱硫し，減圧蒸留後の残油と混合して全体の硫黄成分を低下させる間接脱硫法も行われている．

②排煙脱硫技術：排煙脱硫は排ガスに含まれる SOx を除去する技術である．わが国では 1960 年に通産省の大型プロジェクトとして開発が始まり，1965 年から開発技術の実用化が開始された．活性炭を用いる乾式法と石灰石膏法，水酸化マグネシウム法等に代表される湿式法に大別される．わが国では湿式法の採用が多く，火力発電所など排ガス量が多い施設では石灰石膏法，その他では水酸化マグネシウム法が主流になっている．いずれも排ガスをアルカリ系の吸収液で接触洗浄して SOx を吸収除去するものであり，脱硫率は 90% 以上と高い．

石灰石膏法（図 2.14）は，排ガス中の SO_2 を炭酸カルシウム（$CaCO_3$，スラリー状微粉石灰石）と次式のように反応させ，石膏中に固定するものである．微粉石灰石の代わりに生石灰（CaO）が使用される場合もある．

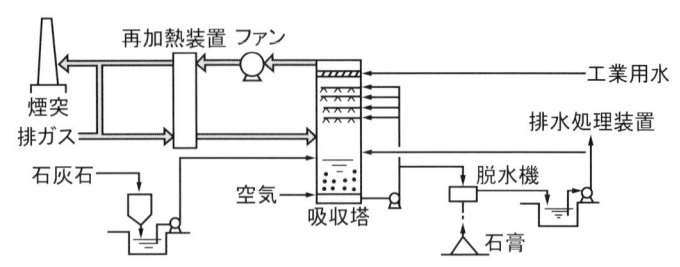

図 2.14. 石灰石膏法のプロセスフローシート例（出典：小宮山宏編著：地球環境のための地球工学入門，オーム社(1992)）

$$\text{吸収反応}: SO_2 + CaCO_3 + 1/2H_2O \rightarrow CaSO_3 \cdot 1/2H_2O + CO_2 \quad (2.9)$$
$$\text{酸化反応}: CaSO_3 \cdot 1/2H_2O + 1/2O_2 + 3/2H_2O \rightarrow CaSO_4 \cdot 2H_2O \quad (2.10)$$

一方，水酸化マグネシウム法は，吸収剤として水酸化マグネシウム（$Mg(OH)_2$）を使用するもので，SO_2 は次式の反応により $MgSO_4$ として固定される。

$$\text{吸収反応}: SO_2 + Mg(OH)_2 + 2H_2O \rightarrow MgSO_3 \cdot 3H_2O \quad (2.11)$$
$$\text{酸化反応}: MgSO_3 \cdot 3H_2O + 1/2O_2 \rightarrow MgSO_4 + 3H_2O \quad (2.12)$$

吸収剤である $Mg(OH)_2$ の価格は比較的高いが，生成した $MgSO_4$ は比較的容易に環境（海など）へ排出可能であり，石灰石膏法などで得られる石膏の製品化のために必要な装置や販売流通システムの確立の必要がないなどのメリットがある。

(2) 窒素酸化物（NOx）

NOx は一酸化窒素（NO），二酸化窒素（NO_2）など窒素酸化物の総称である。主に高温燃焼プロセスにおいて，空気中の窒素や化石燃料に含有する窒素成分が酸化されることによって生成し，光化学スモッグ，呼吸器系疾患，酸性雨などの原因とされている。図 2.15 に業種別および施設別の排出内訳を示す。わが国では 2000 程度の箇所で，ほぼ連続的に大気中 NO_2 濃度を測定しており，年平均濃度は図 2.16 に示すように 1980 年以降ほぼ横ばいの傾向にある。

光化学スモッグは，大気中に存在するNOxや炭化水素が太陽からの紫外線を受けて，オゾンなどの二次的汚染物質を生成することにより発生する。1970年の東京都杉並区の立正高校グランドにおける被害がわが国の最初の大規模な光化学スモッグ被害とされており，1973年にはCO，炭化水素，NOxの3物質の環境基準および排出基準が定められた。

a. NOxの排出規制

工場等の固定発生源に対しては，施設の種類や規模ごとに排出基準が定められているほか，発生源が密集し環境濃度が高い地域では施設ごとに総量規制が行われている。自動車に関する排ガス規制も年々強化されてきたが，都市部で

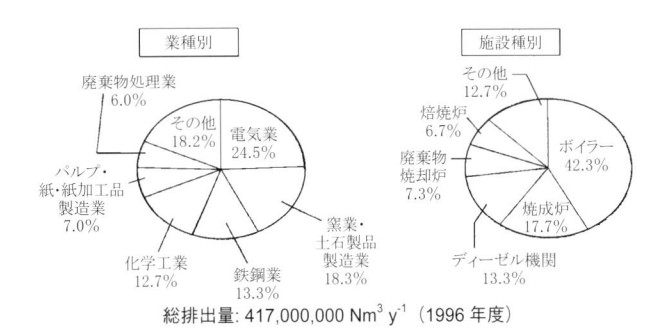

図2.15. 窒素酸化物（NOx）排出量の内訳（出典：環境白書（平成14年度版））

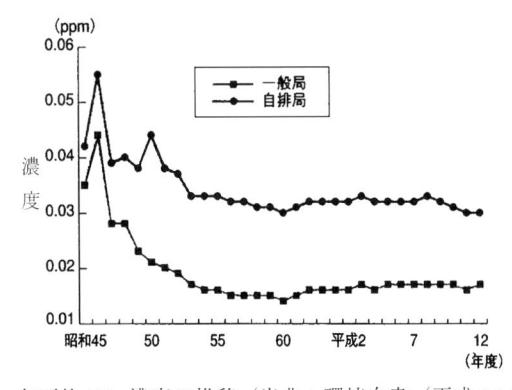

図2.16. 年平均NO_2濃度の推移（出典：環境白書（平成14年度版））

のNOx濃度には顕著な低下が認められない。これは主に1967年の約1000万台から現在の約7000万台まで急速に増加した自動車保有台数，つまりは自動車の総走行距離の伸びに起因する。また，輸送コスト増大を抑制するための見地から，大型ディーゼル車に対してあまり厳しい規制が定められていないことも原因の一つと指摘されている。

b. NOxの排出削減技術

NOx排出を低減するための方法としては，SOxの場合と同様，低窒素燃料の使用，燃料からの窒素分除去，排煙脱硝等がある。また，窒素酸化物は基本的に無害な窒素と酸素から構成されているため，窒素と酸素が化合物を形成しないような燃焼形態の実現（NOx生成抑制），さらに一度生成したNOxの効率的な分解なども選択肢として考慮する必要がある。

① 燃料中の窒素成分除去：石炭，石油などの化石燃料には0.1〜3.5 mass％程度の窒素（N）が含まれ，燃焼中にその10〜90％が酸化されてNOxとなる。このようなルートで生成したNOxは，燃料中のNを起源とするため，Fuel NOxとよばれる。したがって，燃料中のN成分の除去（脱硝とよばれる）は重要なNOx排出低減策の一つである。しかし，化石燃料中のNはS，O，C等と複雑に化合して存在しており，その除去は蒸留や分解の過程で行う必要がある。石油に対しては，脱硫反応と同時に触媒反応を利用して行われる場合が多く，石炭ではガス化や液化の際に生成したNH_3やHCNを酸やアルカリで除去する方法が採られる。

② NOxの生成抑制技術：空気中のN_2とO_2は高温で反応し，NOxを生成する。これは，温度とガス組成に応じた平衡状態からのずれを駆動力とするNOxであるため，Thermal NOxとよばれる。Thermal NOxの生成を抑制するためには，燃焼温度を低く，高温での滞留時間を短く，燃焼場の酸素濃度を小さくすることが必要である。また，COやH_2等の還元性ガス濃度を高くすれば，以下の反応式のように生成したNOをN_2に還元することが期待できる。

$$NO + CO \rightarrow 1/2 N_2 + CO_2 \qquad (2.13)$$

$$NO + H_2 \rightarrow 1/2 N_2 + H_2O \qquad (2.14)$$

上記の反応は Thermal NOx だけでなく，Fuel NOx においても同様に進行することより，燃焼場を還元性に保持することは極めて有効とされる。以上を実現するため，低 NOx バーナーや多段燃焼法などさまざまな燃焼方法が開発され，実用化されている。

③排煙脱硝技術：排煙脱硝は排ガス中の NOx を分解，除去する技術である。従来，多くの技術が検討されており，これらは乾式法と湿式法に大別される。以下，技術的な完成度が高く，普及率も高いアンモニア（NH_3）脱硝法と自動車用三元触媒法について概説する。

NH_3 による脱硝法には，NH_3 を NOx の還元剤として利用する方法と NOx の酸化により生じた硝酸（HNO_3）の中和に利用する方法がある。前者は選択接触還元法（SCR 法: Selective Catalytic Reduction Method）とよばれ，以下の反応によって NOx を還元する。

$$NH_3 + NO + 1/4O_2 \rightarrow N_2 + 3/2H_2O \tag{2.15}$$

上記反応の進行には酸素雰囲気であること必要となる。NH_3 はまず NO と優先的に反応し，O_2 はそれを促進させる。酸化状態の高い窒素種と還元的な窒素種の反応を触媒上で誘導することから，反応速度が大きく，選択性も高い。反応を促進する触媒物質としては，白金（Pt）やパラジウム（Pd）等の貴金属が活性であるが，硫黄（S）成分の被毒効果が顕著であり，しかも高価であることから，他の触媒の開発が進められてきた。多くの遷移金属も（2.15）式の反応に対する触媒活性を示すが，SOx との反応による活性低下は避けられず，実用的な物質は限られている。現在では，V_2O_5 を TiO_2 に担持させた系（V_2O_5/TiO_2）の使用が主流である。触媒の形態としては，圧力損失が小さく，反応容積効率の高いハニカム型の採用が主流であり，他にパイプ型，板状などが用いられる。脱硝触媒には，ダイオキシン類の分解除去効果を発現するものもあり，両者の同時除去を目的とした触媒や排ガス処理プロセスの開発も進められている（4.4.1 項を参照）。

ガソリン自動車の排ガス用脱硝触媒としては，主に白金（Pt），パラジウム（Pd），ロジウム（Rh）の貴金属が使用される。この触媒は CO と炭化水素（HC）を酸化すると同時に，NO を N_2 に還元するため，三元触媒（three-way catalyst）とよばれる．

$$NO + CO \rightarrow 1/2N_2 + CO_2 \qquad (2.16)$$
$$NO + (HC) \rightarrow 1/2N_2 + CO_2 + H_2O \qquad (2.17)$$
$$NO + H_2 \rightarrow 1/2N_2 + H_2O \qquad (2.18)$$

上記の反応は300℃～400℃程度で進行するが，雰囲気中の酸素濃度が過剰になるとNOの除去率は急激に減少する．また，燃料が過剰な還元雰囲気ではCOやHCの除去率が低下する（**図2.17**）．したがって，排ガス組成を上記各反応に対する総括量論比の近傍（ガソリンでは空燃比（A/F）が14.7程度）に制御するため，酸素センサー等を利用した燃料噴射量の精密な制御が採用されている．

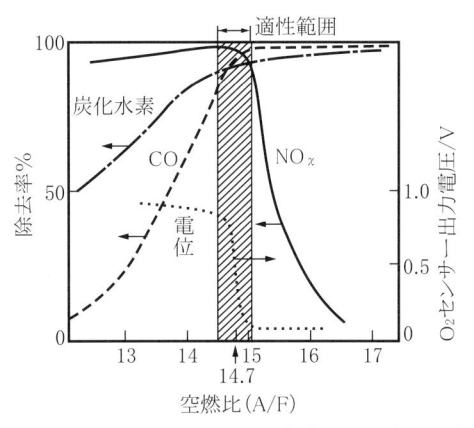

図2.17. 三元触媒法におけるNOx，CO，炭化水素の除去率と空燃比の関係（出典：日本化学会編：化学総説 大気の化学，学会出版センター(1990)）

現在は1 cm^2 あたり50～100個のガス流通孔を有するコーディエライト（cordierite: $2MgO \cdot 2Al_2O_3 \cdot 5SiO_3$）製のハニカム構造セラミックスを基体とするのが主流であり，担体としては活性アルミナ（Al_2O_3）をコーティングして用いる．触媒物質はPtあるいはPt/PdにRhを組み合わせて使用される．Rh

はNOxの還元特性に優れ，HCやCOに対しても高い触媒能を示すため不可欠な要素とされている。Pdの触媒能はPtより優れているが，単独ではSや鉛（Pb）の存在下で被毒されやすく，また還元雰囲気では焼結しやすいなどの欠点があり，大部分はPtとの合金として使用される。Ptは燃料希薄条件でHCに対する触媒能が高い。このように，白金族は触媒特性に優れ，耐久性も高いものの，高価であるためにその使用比率低下への努力が続けられている。

(3) 光化学オキシダント（Ox）

光化学スモッグは大気中の窒素酸化物や炭化水素が太陽からの紫外線を受けて，二次的汚染物質を生成することにより発生する。そのなかで，オゾン（O_3）を中心とした酸化性物質を光化学オキシダント（oxidant: Ox）とよび，以下のような連鎖反応によって生成する。

まず，次式のようにOHラジカルによる炭化水素（RH：RはC_2H_5等のアルキル基）の脱水素反応が起こる。

$$OH + RH \rightarrow R^* + H_2O \qquad (2.19)$$

活性なアルキル基（R^*）は酸素と容易に反応してオキシラジカル（RO_2）となり，NOと反応してNO_2を生成する。

$$R^* + O_2 + M \rightarrow RO_2 + M \qquad \text{（Mは触媒物質）} \quad (2.20)$$
$$NO + RO_2 \rightarrow RO + NO_2 \qquad (2.21)$$

生成したNO_2が太陽の紫外線に当たると，光分解反応が起こり，O_3が生成する。

$$NO_2 + \text{（波長が420 nm以下の光エネルギー）} \rightarrow NO + O^* \qquad (2.22)$$
$$O^* + O_2 \rightarrow O_3 \qquad (2.23)$$

さらに，(2.21)式で生成したROは酸素分子と反応してHO_2を生じる。これ

がNOと反応し，OHを再生すると同時にNO$_2$を生成する。

$$RO + O_2 \rightarrow HO_2 + カルボニル化合物（アルデヒト，ケトンなど） \quad (2.24)$$
$$NO + HO_2 \rightarrow OH + NO_2 \quad (2.25)$$

したがって，光化学オキシダントを低減するためには，窒素酸化物と炭化水素の両者の排出量を低減する必要がある。

図 2.18 に光化学オキシダント注意報の発令日数と光化学スモッグによる被害者の推移を示す。被害者数は1980年代後半から低位に安定しているものの，注意報発令日数は依然高いレベルである。

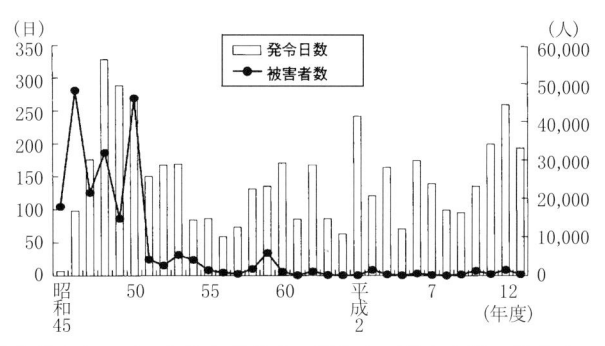

図2.18. 光化学オキシダント注意報発令日数および被害者数の推移（出典：環境白書（平成14年度版））

──────── **コラム** 大気汚染物質広域監視システム（愛称：そらまめ君）： ────────
全国の大気環境データや光化学オキシダント注意報等発令状況などをリアルタイムで収集し，インターネットで情報提供を行っているシステムであり，光化学オキシダントによる被害の未然防止等を目的として，2000年に環境省が構築した。2002年にはシステムを改良し，携帯電話にも光化学オキシダント注意報発令等の情報を提供している。「そらまめ君」の URL は"http://w-soramame.nies.go.jp/"。

(4) 炭化水素（HC）

光化学オキシダントの原因となる炭化水素類は，光化学反応性の低いメタン

を除いた非メタン系の炭化水素（NMHC）である。これらは，自動車排ガス中に含まれるほか，炭化水素類を成分とする溶剤の使用によっても排出されるため，自動車に対する排出規制や溶剤を取り扱う塗装，印刷，金属等表面処理，クリーニング工場等への指導が行われているまた，炭化水素の吸引自体も神経系や肝臓障害を引き起こす可能性があるため，労働安全衛生法による管理体制等が定められている。表2.8に主な炭化水素系有害ガスの基準表を示す。

表2.8. 主な炭化水素系有害ガス基準表

物質名	基準値 (mg Nm^{-3})
塩化ビニルモノマー	100
クロロホルム	200
ジクロロメタン	200
メチルイソブチルケトン	200
ベンゼン	100
臭化メチル	200
トルエン	200
テトラクロロエチレン	300
トリクロロエチレン	300
ヘキサン	200
フェノール	200
スチレン	200
エチレン	300

(5) 有害大気汚染物質

有害大気汚染物質は，大気中濃度が低くてもその環境のなかで長期間生活すると健康影響を与える可能性のある物質の総称である。OECDの定義では，「大気中に微量存在する気体状，エアロゾル状，または粒子状の汚染物質であって，人間の健康，植物または動物にとって有害な物性（例えば毒性および難分解性等）を有するもの」とされ，NOx，SOxなど長く規制対象となってきた汚染物質とは，通常，区別して用いられる。現在，わが国では「有害大気汚染物質に該当する可能性のある物質」として234物質を指定しており，なかでも環境中

濃度と健康影響の程度より，**表2.9**に示す22物質を「優先取組有害物質」に指定している。

大気汚染防止法の指定物質であるベンゼン（C_6H_6），トリクロロエチレン（C_2HCl_3），テトラクロロエチレン（C_2Cl_4）のモニタリング調査結果例を**表2.10**に示す。ベンゼンについては，測定地点の約20％において環境基準値（表2.7参照）を上回る結果になっている。

表2.9. 優先取組有害物質（22種類）

アクリロニトリル	テトラクロロエチレン
アセトアルデヒド	トリクロロエチレン
塩化ビニルモノマー	ニッケル化合物
クロロホルム	ヒ素及びその化合物
クロロメチルエーテル	1,3-ブタジエン
酸化エチレン	ベリリウム及びその化合物
1,2-ジクロロエタン	ベンゼン
ジクロロメタン	ベンゾ[a]ピレン
水銀及びその化合物	ホルムアルデヒド
タルク（アスベスト様繊維を含むもの）	マンガン及びその化合物
ダイオキシン類	六価クロム化合物

表2.10. 有害大気汚染物質モニタリング調査結果例（2000年度）（出典：環境白書（平成14年度版））

（単位：$\mu g\ Nm^{-3}$）

物質名	地域分類	地点数	平均	最小	最大
ベンゼン	一般環境	208	2.0	0.46	4.6
	発生源周辺	69	2.4	0.83	7.8
	沿道	87	3.1	1.4	5.6
	全体	364	2.4	0.46	7.8
トリクロロエチレン	一般環境	204	1.2	0.0039	8.0
	発生源周辺	69	1.4	0.040	15
	沿道	54	1.1	0.019	5.6
	全体	327	1.2	0.0039	15

物質名	地域分類	地点数	平均	最小	最大
テトラクロロエチレン	一般環境	208	0.70	0.018	5.8
	発生源周辺	65	0.55	0.054	3.6
	沿道	53	0.66	0.076	3.0
	全体	326	0.66	0.018	5.8

2.6.2 粒子状物質 (PM)

大気中の粒子状物質 (PM: Particulate Matter) は降下煤塵と浮遊粉塵に大別され，後者はさらに，環境基準（表2.7参照）が設定されている浮遊粒子状物質 (SPM: Suspended Particulate Matter，粒径 10 μm 以下の粒子) とそれ以外の粒子に区別される。SPM は微小なために大気中で長時間浮遊する性質があり，呼吸器系に高濃度に沈着した場合の健康被害が報告されている。図 2.19 には SPM の年平均濃度の推移を示す。1985 年以降はほぼ横ばいで推移している。

SPM には，発生源から大気に直接排出された一次粒子と SOx，NOx，炭化水素等のガス状物質が光化学反応等により凝集した二次生成粒子がある。また，一次粒子の発生源には工場煙突等から排出される煤塵やディーゼル排気粒子 (DEP: Diesel Exhaust Particles) など人為的なものと，土壌表面粒子の巻き上げなどによるものがある。現在も SPM の原因物質の排出実態調査や生成機構解明に向けた検討が行われている。都市およびその周辺地域での影響が大きいディーゼル車の排ガス中の粉塵については，1994 年に規制が開始され，2000

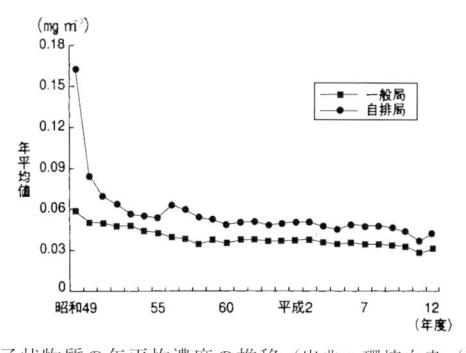

図 2.19. 浮遊粒子状物質の年平均濃度の推移（出典：環境白書（平成 14 年度版））

年にさらに規制強化されている。また、SPM のなかでも粒径が 2.5 µm 以下である微小粒子状物質（PM2.5）の健康影響が懸念されており、その濃度調査や動物実験などによる暴露影響調査が続けられている。

2.7 都市の大気環境

都市およびその周囲の大気環境の要因は極めて複合的であることが特徴である。人口や輸送、産業等の密度が高いため、多数の発生源から量や濃度レベルの異なる環境負荷物質が排出されると同時に、不特定多数に影響が及ぶ。現在の都市中心部の主要な大気汚染発生源は自動車によるものとされ、例えば自動車からの NOx や SPM の総排出量は増加しつつあり、高濃度地域も広域化している。一方、工場等の固定発生源から排出される SOx, NOx 等の大気汚染物質量は安定あるいは低下する傾向にある。このような変化は、都市構造や産業・経済活動の推移などによって大きく変化する。言い換えれば、長期的な都市計画に基づく積極的な誘導も可能である。

都市環境にかんして、近年影響が顕著になっているものに、ヒートアイランド現象がある。都市周辺の気温分布の特徴として、中心付近が高温で、郊外ほど気温が低くなる傾向がある。地図に表すと、都心の高温域が島のように見えることより、ヒートアイランド現象とよばれており、世界中の多くの都市において確認されている。この原因としては、照明器具、冷蔵庫、テレビ、エアコン、OA 機器などからの放熱、自動車やカーエアコンの排熱など、日常生活および社会活動に伴う熱エネルギーの放出、および住宅や建物、舗装道路などに吸収された太陽熱の夜間放出、蒸散作用による気温の低減効果を持つ緑地の減少などが挙げられる。

ヒートアイランド現象の影響は多岐にわる。人体への直接的な健康影響としては、熱中症や睡眠障害があり、植物の開花時期をはじめとした生態系への影響や水害などをもたらす局所的集中豪雨との関係も指摘されている。さらに、冷房負荷の増大によって夏季電力消費が著しく増加するため、電力供給量増加の問題も指摘されている。ヒートアイランド対策の方向としては、1) 都市の人工排熱を減らすこと、2) 地表面被覆方法の改善、3) 都市の構成やあり方を変

えていくこと，などが考えられる。なお，ドイツのシュトゥットガルト市では，大気汚染対策として，郊外から都市に吹き込む風の道を作ることによって空気を循環させるという構想のもと，風の通り道を計算に入れた都市計画が立てられ，道路の拡幅等が行われている。これはヒートアイランド対策としても一定の成果を上げ，注目を集めている。

2.8 大気汚染物質の排出と環境影響

廃棄物焼却炉や工場など固定発生源や，交通量の多い幹線道路などを通過する自動車など移動発生源からの大気汚染物質が周辺環境に拡散，蓄積あるいは分解していく過程については，周辺住民の健康や生態系に与える影響を定量的に評価するうえで極めて重要である。また，発電所，廃棄物焼却施設，高速道路の新設など，新たな環境負荷が予想される場合には，事前に環境アセスメント（環境影響評価）が行われるようになってきた（4.4.3項を参照）。

大気汚染物質の拡散挙動予測にあたっては，発生源周辺の地形，風向，風速や気候など，多くの因子が複合的に影響する現象を解く必要があり，数値シミュレーションが力を発揮する。シミュレーションは流体力学的なモデルをベースとして，3次元的な地形を取り込み，季節要因などを考慮していくつかの典型的な気象条件下で計算する場合が多い。このような結果を総合し，特定の発生源に由来する汚染負荷を年間あるいは季節ごとの平均値として与えることになる。シミュレーションの実際については，一般的な流れの解析に関する書籍に譲るが，㈱環境総合研究所のWebページ（焼却炉3次元排ガス大気拡散リアルタイムシミュレーション・システム（http://www.01.246.ne.jp/~komichi/s-monitor/realtimemonitor.html），東京都特別区における窒素酸化物・浮遊粒子状物質高濃度汚染地域解析調査（http://www.02.246.ne.jp/~takatori/etc/tokyoair/）など）において，その一端を覗くことができる。

また，光化学スモッグなど局所的な気象条件が強く影響する現象に対しては，関連反応過程を逐次あるいは同時に解析可能なモデルによる評価が必要であり，開発が行われている。さらに，シミュレーション計算の妥当性を検証するための，実地形を考慮した風洞実験やフィールド測定なども行われる。

―――――――――――――― **コラム** 逆転層： ――――――――――――

　通常の気温は地表からの高度に応じて低下するが，その逆の場合，つまり「高度とともに気温が上昇する層」が出現する場合があり，これを逆転層とよぶ。逆転層が生じると煙突などから排出されたガスの塊が上方に拡散しにくくなり，地表へ再到達する場合があり，大きな公害被害が起こった例も少なくない。当然ながら，比較的風が穏やかな場合の影響が顕著である。逆転層の成因として下記のようなものが指摘されている。

　1) 放射性逆転：夜間に地表の放射冷却によって，地表付近の気温がより冷却されることによって起こる。層の高さは高々200 mで安定している。

　2) 沈降性逆転：高気圧からは周囲の低気圧に向かって風が流れるが，その空気は上層から供給される。この場合，断熱圧縮現象によって空気の温度は上昇し，地表付近の低温空気との間で逆転層が形成される。層の高さは1,000 m程度である。

　3) 地形性逆転：山の斜面との熱交換によって冷却された空気が，その大きな比重のために盆地や谷間に溜まることによって形成される。

　4) 前線性逆転：温度差のある空気が接するところに，前線が形成される。温暖，寒冷，停滞，いずれの前線においても，冷たい空気が暖かい空気の下に潜り込むため，逆転層が形成される。

　5) 移流性前線：暖かい空気が冷たい地表や海面，湖面上を移動する際に，熱交換によって起こる。

―――――――――――――――――――――――――――――――――

【演習問題】

1. 地域環境問題（いわゆる公害）と地球（広域）環境問題の相違点を整理し，後者における解決へのアプローチの問題点を考察せよ。

2. 大気中のO_2濃度が現在のようなレベルになった経緯を概説せよ。

3. (2.2)式の意味を理解したうえで，地表から宇宙空間への見かけの放射率ε_eが1の場合の地表平均気温，および地表平均気温が300 K（26.9℃）である場合のε_eの値をそれぞれ求めよ。

4. 成層圏にあるオゾン層の働きについて，地球環境の面から考察せよ。

5. 酸性雨の主たる原因である硫黄酸化物と窒素酸化物について，その性質，生成要因，環境中の挙動の見地から比較せよ。

【参考図書】

- 田中修三編著：基礎環境学　循環型社会をめざして，共立出版（2003）
- 環境省編：平成 14 年版　環境白書，ぎょうせい（2002）
- （社）産業環境管理協会編：20 世紀の日本環境史（2002）
- 岡本博司著：環境科学の基礎，東京電機大学出版局（2002）
- （社）環境情報科学センター編：図説　環境科学，朝倉書店（2000）
- 岡山ユネスコ協会編：新版　市民のための地球環境科学入門，大学教育出版，（1999）
- 河村哲也著：環境科学入門　地球環境問題と環境シミュレーションの基礎，インデックス出版，（1998）
- エネルギー教育研究会編：現代エネルギー・環境論，電力新報社，（1997）
- 小宮山宏編著：地球環境のための地球工学入門，オーム社（1992）
- 日本化学会編：化学総説　大気の化学，学会出版センター（1990）

【参考になる Web ページ】

- http://www.env.go.jp/（環境省）
- http://www.mhlw.go.jp/（厚生労働省）
- http://www.meti.go.jp/（経済産業省）
- http://www.mlit.go.jp/（国土交通省）
- http://www1.river.go.jp/（国土交通省水文水質データベース）
- http://law.e-gov.go.jp/cgi-bin/idxsearch.cgi（法令データ提供システム（総務省行政管理局））
- http://www.nies.go.jp/（独立行政法人国立環境研究所）
- http://www.rite.or.jp/（財団法人地球環境産業技術研究機構）
- http://www.gispri.or.jp/（財団法人地球産業文化研究所）
- http://www.biodic.go.jp/（生物多様性センター）
- http://www.kankyo.metro.tokyo.jp/（東京都環境局）
- http://www.kankyoken.metro.tokyo.jp/（東京都環境科学研究所）
- http://www.epcc.pref.osaka.jp/center/index/index.html（大阪府環境情報センター）
- http://www.eic.or.jp/（EIC ネット）
- http://www.seto.or.jp/seto/index.htm（せとうちネット）
- http://www.adorc.gr.jp/jpn/index.html（東アジア酸性雨モニタリングネットワーク）
- http://pansy.unep.or.jp/gec/JP/publications/GEO3.pdf（地球環境概況 3 の概要，pdf ファイル）

- http://www.unep.or.jp/gec/index-j.html（財団法人地球環境センター）
- http://www.unep.or.jp/japanese/（国連環境計画（UNEP） 国際環境技術センター（IETC））
- http://member.nifty.ne.jp/jnep/（JNEP（公害・地球懇））
- http://www4.ocn.ne.jp/~kanshi/（環境監視研究所）
- http://plaza13.mbn.or.jp/~yasui_it/（安井至（市民のための環境学ガイド））
- http://www.who.int/en/（世界保健機構（WHO））
- http://www.epa.gov（米国環境保護庁（US EPA））

第3章
水環境

3.1 有限な資源としての水

　日本は温暖な気候と比較的多くの雨に恵まれている。局地的な水不足もときに起こるが，水はいつでもそれなりの量と質で私たちのすぐそばにあるという感覚が一般的であろう。しかし，ひとたび目を世界に転じると，水を利用することは決してそのようにたやすいものでないことがわかる。表 3.1 を見てほしい。地球上には，海水，淡水合わせて全体で約 14 億 km^3 の水があると見込まれている。しかし，私たちが利用可能な淡水，しかも地下水以外で現実的に利用可能と思われる湖水と河川水などを足し合わせた淡水は，全体のわずか 0.01 ％にも満たない。圧倒的に海水のほうが多いし，海水でなくとも氷河などとなって存在しているのである。

　図 3.1 は，1 人あたりの降水量と水資源量（降水に起因する水量から蒸発散量を引いた水量）を各国別に比較したものである。日本は年間平均降水量が約 1700 mm あって水に恵まれているようであるが，1 人あたりの量は決して多くはない。加えて，国土が急峻なため，降雨の流出が早く，利用可能な水の量はさらに少なくなる。ただし，地球上の水全体のなかで淡水の量が相対的にわずかで，また 1 人あたりの降水量がわずかであっても，それが必要となる範囲で十分に循環をしていれば問題は起こらないといえる。つまり，直接的には，単なる存在量よりも循環系のなかでの存在，いわば水の滞留時間が重要である。

　表 3.1 のなかに平均的な滞留時間を記した。滞留時間とは，入れものに貯留されている水の量を，その入れものへの流入量で除した値（単位は時間）である。したがって，滞留時間をもとに表 3.1 の内容をみた場合，海水は量が膨大

であるものの滞留時間も長いので，例えば1年間に流入する（つまり利用できる）水量は滞留時間のより短い湖水や河川水と比較して大きな違いはなくなるのである。

次に，水はどのように使われているのだろうか。水を用途で大きく分類し国内での使用量も示すと，図3.2のようである。水の用途でもっとも多いのは農

表3.1 地球上の水の分布と滞留時間

場　所		量 ($1000km^3$)	割合 （%）	全淡水量に対する割合（%）	平均的な滞留時間
海水		1,338,000	96.5		3200年
地下水	うち淡水分	23,400 10,530	1.7 0.76	30.1	1950年
土壌中の水		16.5	0.001	0.05	80日
氷河など		24,064	1.74	68.7	9600年
永久凍土の地下水		300	0.022	0.86	
湖水	うち淡水分	176.4 91.0	0.013 0.007	0.26	数年
沼地の水		11.5	0.0008	0.03	
河川水		2.12	0.0002	0.006	10～30日
生物中の水		1.12	0.0001	0.003	
大気中の水 （水蒸気）		12.9	0.001	0.04	10日
合　計	うち淡水合計	1,385984 35,029	100 2.53	100	

出典：合田健著：水質環境科学, 丸善, pp.1-6（1985）
　　　国土交通省土地・水資源局水資源部編, 平成14年版日本の水資源, 財務省印刷局, p.44（2002）
　　　武田育郎著：水と水質環境の基礎知識, オーム社, p.3（2001）
　　　をもとに一部改変した

3.1 有限な資源としての水

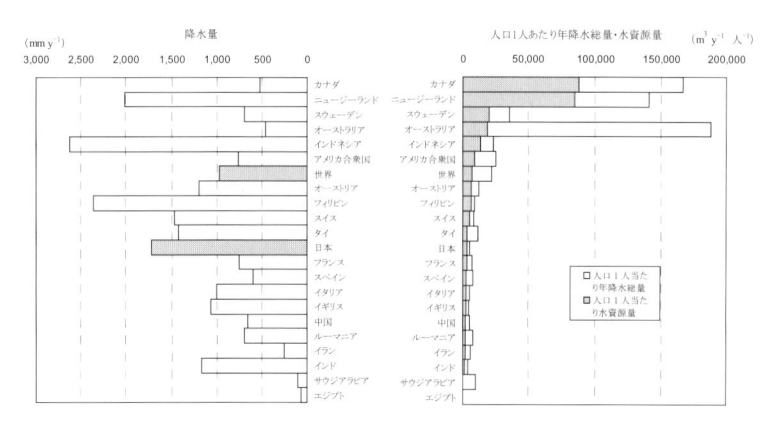

図3.1 世界各国の降水量および水資源量（出典：国土交通省土地・水資源局水資源部編　平成14年版日本の水資源, 財務省印刷局 (2002)）

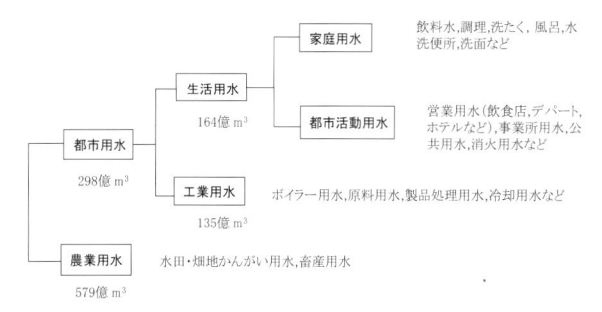

図3.2 水の分類と利用（数字は平成11年における使用量の実績値）（出典：国土交通省土地・水資源局水資源部編：平成14年版日本の水資源, pp.51-52, 財務省印刷局 (2002) をもとに改変した）

業用水であり，ついで都市用水である生活用水および工業用水である．生活用水は，過去25年にわたり一貫して増え続けている．人口の増加，水洗便所の普及などの生活水準の向上が要因として考えられる．工業用水は，一度使った水を処理して再利用される取り組みが進行していること，生産工程の改善などによって水使用量の削減が進んできたことから年々減ってきている．

資源としての水を考えるとき，開発途上国にはいまなお最低限の安全が保障

された水さえ十分に利用できない人々がいることを踏まえて行動することが，私たちに求められているのである。

コラム　世界水フォーラム：

　21世紀は水問題が最重要課題の一つといわれる。2003年3月，第3回世界水フォーラムと閣僚級国際会議が大阪，京都，滋賀で行われ，フォーラムには182の国と地域から，閣僚会議には170か国，42の国際機関から参加があった。水に関するフェアとして展示会も行われた。フォーラムでは水とエネルギー，水と気候変動，水供給，衛生および水質汚染など38に分類されたテーマについて議論が行われ，14テーマを集約したものがフォーラム暫定声明文としてまとめられた。声明文では，水と人間活動の関わりで起こっているさまざまな問題解決のために取り組むべき方向性を示し，そのための手法として統合的水管理が重視されることとなった。これは，生態系および人間のニーズに対処するための透明性のある参加型プロセスと位置付けられ，政策実施における各国政府の責任の重要性が強調された。なお，第4回は2006年にメキシコシティで，第5回は2009年にトルコで開催された。

　水に関する問題は従来，農業分野，都市活動など個別の分野で議論・対策が行われているが，このように分散した現状を一元化することが重要であり，また同時に，水に特有の流域という視点を加えて統合化することが重要と考えられる。

3.2　水質指標と水質汚濁

3.2.1　水質指標の意義と水質環境基準

　水質指標とは，一定の考え方のもとに決めた尺度であって，水質がどのような状態にあるのかについて，さらには，水処理などの目的に照らして対象の水に何をすればよいかなどを判断する目安を与えるものということができる。

　ここで，水の汚れとは何だろうか，どういう状態のときに汚れたと判断する（あるいは感じる）のだろうか。判断をするならばその基準はどのように決められているのだろうか。この問いに答えることは必ずしも容易でない。なぜならば，水の質はさまざまな面からとらえることができるからである。「汚濁」と「汚染」，二通りの言い表し方がある。「汚濁」は，文字どおり濁りがあることをはっきりと表現することばであるが，「汚染」はそのことを明確には表していない。大気と異なって水の汚れには，外観上均一に溶けて濁りのない場合と，濁りを伴う場合があるが，一般的には濁りも含めて考えられることが多いので本書では水質汚濁と表現する。

3.2 水質指標と水質汚濁

水質の状態を表示するのが，水質指標である。状態を把握するためには，何らかの成分なり外観上の特徴を測らなければならない。すなわち，水質に関する試験を行い，その結果に基づいて，公共用水域の水質が水質環境基準に適合しているか，水道水の水質が水道の水質基準を満たしているか，各種の排水がどれだけの汚染度であるのか，などを判断するのである。日本工業規格のなかに「工業排水試験方法（JIS K 0102）」があり，また日本水道協会によって「上水試験方法」が定められて，広く用いられている。

水質指標の多くは物質の濃度をあらわしており，単位としては通常，mg l^{-1}（mg/l）が用いられる。近年は扱う濃度の範囲が低いほうへひろがり，mg l^{-1}の1/1000であるµg l^{-1}，さらにはその1/1000のng l^{-1}が用いられることもある。国際的に単位の使用を規定した SI 単位系によれば物質量はモルで表示することになっており，また化学量論もモルを用いて組み立てられているが，水質表記では単位体積あたりの質量により表記するのが一般的である。一方，環境・公害分野では従来から ppm（parts per million）なる表示がよく用いられるが，これは同じ次元の数値について 100 万分の 1 の比率にあることを表すものである。すなわち，概念としてはパーセント（%）とまったく同じであり，1% = 10000 ppm という関係にある。ただし，水質の場合，水 1 l は，水の密度が 1 g cm^{-3} であることから近似的に 1 kg としてよく，1 mg l^{-1} ≒ 1 mg kg^{-1} = 1 ppm となる。しかし，厳密には水の密度が温度によって変化すること，汚濁水であれば密度が 1 より大きくなると想定されることから正しくはない。このことを知ったうえで，1 mg l^{-1} と 1 ppm を同義に扱っているのである（大気中の物質濃度について同様のことは成り立たないので注意すること）。

環境基準とは，環境基本法の第 16 条に基づいて定められ，人の健康の保護や生活環境の保全を考えるうえで維持されることが望ましい基準であり，行政上の目標とみなされる。政策目標であることから，法的拘束力や基準が達成されない場合の罰則規定があるわけではない。また，現時点での科学的知見に基づいて設定されているので，新しい知見が得られた場合などには変更が加えられることもある。

水環境に関連する水質環境基準は，水質汚濁防止法に基づいて公共用水域の水質汚濁にかかわる環境基準が定められている（附表 1 参照）。これにはさらに，

人の健康の保護に関する環境基準（健康項目）と生活環境の保全に関する環境基準（生活環境項目）とがあり，関連して要監視項目が定められている。また，地下水汚染のひろがりに対応して地下水の環境基準が定められている。なお，ダイオキシン類にかんしては，ダイオキシン類対策特別措置法（4.4.1 項参照）に基づく水質ほか土壌，底質にかんする環境基準がある。

3.2.2 理化学的指標

どの指標も何らかの意味で理化学的指標であるが，ここでは，基礎的でかつ一般的な指標を取り上げる。

(1) 水温とpH

水温は，水の密度や粘度などの基礎的な物理・化学性状，各種物質の溶解度あるいは水中の微生物活動などに影響する基本的な指標である。

水は通常，ごくわずかに下式のように解離（電離ともいう）し，25℃においては$[H^+][OH^-]=1.0\times 10^{-14}$であることがわかっている。$[H^+]$, $[OH^-]$はそれぞれ水素イオン，水酸イオンのモル濃度を表す。pH は，以下に示すように水素イオン濃度の逆数の対数（常用対数）と定義され，水中に存在する $10^{-14}\sim 10^{-1}$ mol l^{-1} の範囲の水素イオン濃度をわかりやすい数値で表すものである。

$$H_2O \Leftrightarrow [H^+]+[OH^-] \tag{3.1}$$

$$pH = \log(1/[H^+]) = -\log([H^+]) \tag{3.2}$$

$[H^+]=[OH^-]=1.0\times 10^{-7}$であればpH は 7 すなわち中性となり，pH が 7 より小さければ酸性，大きければアルカリ性とよばれる。水を利用したり，処理したりする場合には取り分けこの pH が重要な因子，指標となる。水質環境基準では 5.8～8.6 の範囲であることが望ましいとされるが，水の用途によって最適な値は異なる。河川水の pH は通常 7 前後であり，人が水を利用する観点から中性付近に基準が定められている。

(2) 懸濁物質（SS）

水の濁りは感覚的に容易に理解されるが，水中の不純物の種類と大きさを分

類して表示すると図3.3のようになる。懸濁物質(浮遊物質ともいう。Suspended Solid: SS)は，水質試験法上1 μmから2 mmの範囲の粒子と定義される。すなわち，孔径1 μmのろ紙（通常，ガラス繊維製ろ紙）を用いて，検水をろ過したときろ紙上に捕捉された物質の質量を検水の単位体積あたりで表示した値がSS（mg l^{-1}）である。ろ紙を通過する成分が溶解性物質である。ただし，SSの定義についてはいくぶんあいまいさもある。たとえば，ろ紙を通過したろ液中にも微粒子が含まれことも考えられ，また1 μmという孔径も分布があると考えるべきであるし，ろ過の進行に伴う粒子の目詰まりにより孔径は変化していくことが想定される。なお，試験研究においては，0.45 μmのろ紙によりろ過を行うと細菌類を除去することができるため，しばしばこの孔径のろ紙（メンブランフィルターとよばれる）が用いられる。

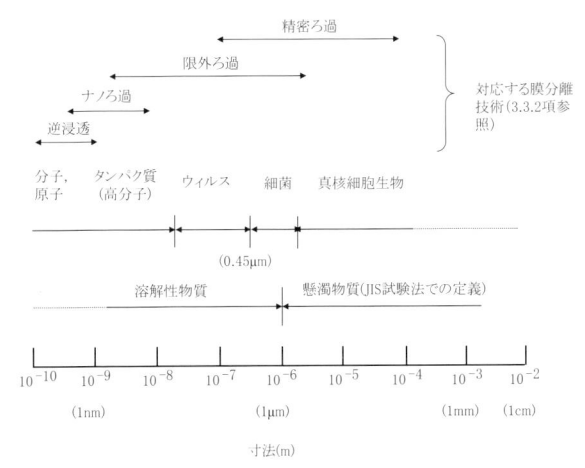

図3.3　寸法による水中汚濁物質の区分と生物，物質などの例

水試料を110℃前後で2〜3時間蒸発乾固させたときに残留するのが蒸発残留物（Total Solid, TS）であり，これと溶解性物質（Dissolved Matter, DM）およびSSとの間には，次の関係がある。

$$SS = TS - DM \tag{3.3}$$

SSとしての捕捉物を600℃の高温で約30分間加熱して灰化させるとき，ガスになって揮散するものを揮発性懸濁物質（Volatile Suspended Solid, VSS）といい，残ったものが強熱残留物となる。VSSはSS中の有機物の量に相当し，水質汚濁物質としての指標だけでなく排水処理における微生物量の指標としても用いられる。

(3) 電気電導度

電気電導度（伝導率ともいう）は，25℃の溶液中において，1 cmの距離を隔てた断面積1 cm^{2}の電極間の電導度（S（ジーメンス）cm^{-1}）であり，水中に含まれるイオンの量と密接な関係がある。すなわち，この値が大きいほど水のなかに含まれる溶解塩類が多いといえる。

(4) 溶存酸素（DO）

溶存酸素（Dissolved Oxygen, DO）とは，水中に溶解している酸素のことをいい，濃度をmg l^{-1}単位で表す。このDOは，純水中での飽和濃度が大気圧下20℃において8.84 mg l^{-1}であり，低温ほど高くなる。DOは重要な水質環境項目の一つであり，水質の良好な水域では7.5 mg l^{-1}以上となっている。DOは水の新鮮さを表す尺度といえ，一般的な水産用水の観点および農業用水としては，5.0 mg l^{-1}以下になると根腐れなどの障害が生じやすくなる。また，環境保全の観点からは水の腐敗が起こって臭気が発生しない値として2 mg l^{-1}以上 [1] であることが望ましい。

3.2.3 有機性汚濁の指標

人が日常生活から排出する汚濁水を考えてみると，排泄されるし尿，台所排水，洗濯排水などいずれも多くの有機化合物を含んでいて，水中の微生物によって分解されやすいことが特徴であり，腐敗を生じることもある。溶存酸素が十分に存在している状態を好気性といい，存在しない状態を嫌気性という。腐敗が生じるのは嫌気性条件のもとにあるときである。分解に際しては，水のなかの溶存酸素が消費されるので，有機化合物分解のための溶存酸素の利用が指標として利用できそうである。

(1) 生物化学的酸素要求量（BOD）

水中に存在する種々の有機化合物が，好気性条件のもとに生物学的に酸化され分解を受けるとき，同時にそれに対応して溶存酸素も消費される。そこで，ある時間内で溶存酸素が微生物によって消費される量でもって水に含まれる汚濁物質の量を表現することが一つの妥当な水質表示方法と考えられる。これがすなわち，生物化学的酸素要求量（消費量ともいう）（Biochemical Oxygen Demand, BOD）の概念である。すなわち，BOD とは，好気性の試験条件下で分解可能な有機汚濁物質の量を微生物が分解のために消費した酸素量によって表示したもので，単位は $mg\ l^{-1}$ である。微生物（主に細菌）は有機汚濁物質の酸化によって生存のためのエネルギーを得ることとなり，また細胞の合成により増殖をしていく。

BOD を測定するには，通常，ふ卵びんとよばれるガラス容器に検水を入れ，試験開始時における DO を測定し，その後温度 20℃で，暗所にて静置する。試験に際して検水は，比較的水質が良好な河川水などの場合にはそのまま適用するが，汚濁度が高いと予想される場合や排水試料の場合には希釈を行うことが必要であり，また窒素およびリンを含む栄養塩の添加や微生物の植種を行うこともある。微生物による分解が完全に進行するには 20 日間程度を要するが，通常の試験期間は 5 日間とされる。これより，BOD_5 と表記されることもある。検水中に分解可能な有機化合物が含まれれば，微生物により酸素が消費され，検水中の DO の濃度が減少するので，5 日後の時点での DO を測定し，試験開始時のそれとの差に基づいて BOD_5 を算出する。

図 3.4 には，BOD 測定の際の酸素消費の典型的な累積増加曲線を示した。ここに示したように，酸素消費は炭素・水素・酸素からなる有機化合物からのみ起こるのではなく，アンモニア性窒素（(4)参照）の酸化に伴う酸素消費もある。これについては前者を CBOD，後者を NBOD とよんで区別している。NBOD の値が高い場合，有機汚濁を表す指標としての BOD 値が過大に評価されることになるので，注意を要する。

BOD について留意すべきことは，これが総括的な指標であり，測定される対象の有機化合物個々に関する情報が得られるものではないということである。さらに，ある種の工場排水のように，微生物による分解を受けにくい有機化合

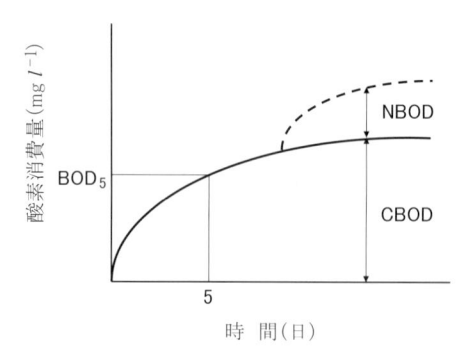

図 3.4　BOD 測定における酸素消費曲線の模式図（NBOD の発現が 5 日以内に始まる場合もある）

物（難分解性物質とよばれる）が主体であったり，微生物に阻害を与える重金属や有害化合物を含んでいる場合には，たとえ有機化合物濃度が高くても測定される濃度値が非常に低いこともあり得る。このような特徴を十分に知ったうえで，指標として利用することが望ましい。

　表 3.2 には，各種の水の典型的な BOD 値の例を示した。河川の有機汚濁指標としては BOD が用いられ，水域類型の指定に対応した基準値が設定されている。清浄な河川であれば 1～2 mg l^{-1} であるが，下水道の整備が遅れていることなどから生活雑排水が処理されることなく流入するような場合には，汚濁が進み BOD も高くなる。表中の，大和川が汚濁の進んだ例である。生物処理法による下水処理場からの放流水は，処理による BOD の除去率が高いので，管理が良好に行われていれば清浄な水質が得られる。一方，発生源ということで水量的に少なく，環境水の BOD と直接結び付くわけではないが，日常生活での調理排水の有機汚濁度は高い。そのまま公共用水域に流入し，希釈されて流域の BOD を高めることになると影響は大きいので，身近な問題として注意しなければならない。

表3.2 各種水試料の BOD の値

試 料 水	BOD (mg l^{-1})
河川水（石狩川）[*1]	0.8
河川水（利根川）[*1]	1.1
河川水（多摩川）[*1]	1.8
河川水（大和川）[*1]	6.1
河川水（四万十川）[*1]	0.8
下水処理場流入水（東京都内 13 処理場の平成 13 年度実績平均値）[*2]	149
下水処理場放流水（同上）[*2]	2
米のとぎ汁（2 l）[*3]	3,000
ラーメンの汁[*3]	25,000
廃油[*3]	1,000,000
みそ汁[*3]	35,000
台所排水	400

[*1] 河川水については平成 13 年度の平均値。出典：環境白書（平成 15 年度版）
[*2] http://www.gesui.metro.tokyo.jp/kanko/kankou/s_of_tokyo/05.htm
[*3] http://www.pref.osaka.jp/apec/jpn/major/clean_water/who.htm，ただし，調理排水などの値についてはおおまかな値である。

(2) 化学的酸素要求量（COD）

BOD は，微生物によって分解可能な有機成分の量を知るのに適切な指標であるが，5 日間という比較的長い時間を要し，試験を精度よく行って結果を求めるのにもある程度の熟練を要する。これに対して化学的酸素要求量（消費量ともいう）（Chemical Oxygen Demand, COD）は，微生物でなく化学的な酸化剤を用いて短時間で試料水中の有機化合物を酸化分解し，このとき消費される酸化剤の量を酸素量に換算して汚濁の度合いを表したものである。ただし，この COD 試験における酸化の対象は，主に有機化合物ではあるが，無機化合物のうちで塩化物イオン（Cl^-），2 価の鉄イオン（Fe^{2+}），硫化物イオン（SO_4^{2-}）などの還元性の化学種が含まれると，これらも酸素を消費するため過大に評価されることがあるので注意しなければならない。塩化物イオンについては，試験手順のなかであらかじめ銀イオン（Ag^+）を添加して塩化銀の沈殿を作り，影響を除いたうえで測定に移る。

わが国で COD 試験に通常用いられる酸化剤は，過マンガン酸カリウム（$KMnO_4$）で，次のような硫酸酸性溶液中の反応で相手の有機化合物に電子を与えて酸化する。

$$MnO_4^- + 8H^+ + 5e^- \rightarrow Mn^{2+} + 4H_2O \tag{3.4}$$

酸性法の場合，100℃の沸騰水浴上で過マンガン酸カリウム溶液添加後30分間反応を行わせ，残留した過マンガン酸イオン（MnO_4^-）をシュウ酸ナトリウム溶液を用いて逆滴定し，消費された酸化剤量を求める。

なお，COD 試験に用いられる酸化剤にはもう一つ重クロム酸カリウム（$K_2Cr_2O_7$）がある。そこで，両者を区別するために $KMnO_4$ を用いた場合には COD_{Mn}，$K_2Cr_2O_7$ を用いた場合には COD_{Cr} と表記することもある。重クロム酸カリウムは酸化力が強く，汚濁物質をおおむね 100％酸化分解することができる。欧米など多くの国ではこちらが通常用いられ，過マンガン酸カリウムを主に用いるのは日本や韓国など少数である。ただし，重クロム酸カリウム法では有害なクロムの後処理が問題になるといえる。

COD は一定の条件のもとに酸化される物質の総量を表しているので，この意味で BOD と同様に総括的な指標である。ただし，BOD が生物分解可能な有機化合物を測定対象としているのに対し，COD は酸化剤の作用を受けやすい化合物全般が対象になるといえる。水質環境基準の設定においては従来からのデータの蓄積や現実面での制約など種々の要因が重なった結果，河川の有機汚濁については BOD が，湖沼および海域では COD が適用されている。なお，BOD と COD との間に幅広くあてはまるような一般的な関係があるとはいえないが，同種の水試料についてはおおまかな正の相関関係が認められることがある。下水などの生活排水では，多くの場合，BOD 対 COD の値の比がおおむね2 対 1 になる。

(3) 全酸素消費量（TOD）

BOD，COD は水中有機化合物の一部が対象となって定量され，しかも化合物の酸化が試験期間または時間内に完全に進行するわけではない。そこで，有機化合物が完全に酸化されて炭素原子は二酸化炭素に，水素原子は水に変換され

る反応を考えたときに消費される酸素量が指標として考えられている。たとえば，次のようなグルコース（$C_6H_{12}O_6$）の完全酸化分解を考えてみよう。

$$C_6H_{12}O_6 + 6O_2 = 6CO_2 + 6H_2O \tag{3.5}$$

ここにいま，水中グルコースの濃度が 100 mg l^{-1} であるとすると，グルコースの分子量は 180（g mol^{-1}）であるから，グルコース濃度は 0.1 g/180 = 5.6×10^{-4} mol l^{-1} である。(3.5)式より反応に必要な酸素はグルコースの 6 倍の 3.4×10^{-3} mol であるから，1 l あたり $3.4\times10^{-3}\times32$（酸素の分子量）= 0.11 g = 110 mg となる。したがって，グルコース 100 mg l^{-1} の酸化のための TOD（この場合，とくに理論的全酸素消費量という）は 110 mg l^{-1} になる。TOD を測定するための TOD 計が市販されている。なお，実際の測定においては，上記酸化反応を水試料の燃焼によって行うが，燃焼の効率などによって，測定値と理論値とに若干の相違が生じることがある。

(4) 全有機炭素量（TOC）

前項まではすべて酸素消費量に関する指標であったが，有機汚濁を考える以上，有機化合物を構成する炭素量を指標とすることも価値のあることといえる。これが全有機炭素量（Total Organic Carbon, TOC）であり，とくに物質の収支を見きわめるうえで有用な指標となる。ただし，総括的な指標であることから個別の有機化合物に関する情報は得られない。TOD と同様に機器によって測定され，TOC 計として市販されている。機器測定における試料水注入上の制約から，SS 分が多い試料は正確な測定がむずかしくなる。フィルターであらかじめろ過した試料について，溶存有機炭素量を測定する場合が多い。

【例題】
酢酸（CH_3COOH）を 100 mg l^{-1} の濃度で含む排水があるとき，この試料水の TOC 測定値はいくらになると推定されるか。

解答
酢酸中の各構成元素の原子量をもとにして炭素の質量比を求めると，CH_3COOH の分子量は 60 g mol^{-1} であることより，24/60 = 0.40 となる。

よって,

$$100 \text{ mg } l^{-1} \times 0.4 = 40 \text{ mg } l^{-1}$$

(5) n（ノルマル）-ヘキサン抽出物質

n-ヘキサン抽出物質は，水中の油分を表す指標として用いられる。n-ヘキサンはアルカンとよばれる飽和炭化水素のうち炭素数が 6 個の直鎖状化合物（$CH_3\text{-}(CH_2)_4\text{-}CH_3$）であり，沸点は69℃で常温では液体であり，接着剤などの溶剤として用いられている。このn-ヘキサンにより抽出される物質が検出されるということは，例えば家庭からの排水中に調理で使用した油が混入した場合などが考えられる。油分濃度が高いと排水管内のつまりの原因となりやすいので，とくに建築給排水系では重要な指標である。

3.2.4　富栄養化の指標
(1) 窒素とリン

近年，生活排水などの流入が原因となって湖沼や内湾（東京湾，瀬戸内海など）の窒素およびリンの濃度が上昇し，富栄養化が進行している。一般に富栄養化とは，閉鎖性の水域において一次生産者である植物プランクトンの増殖を促す栄養塩（炭素，水素，酸素以外で植物の生育に必要な元素）の濃度が増加する現象をいう。その結果，藻類の異常増殖とそれによる生物生産が過度に進行した結果，溶存酸素の低下，魚類のへい死，かび臭の発生などをまねいて利水上大きな障害を生じる。そのため，原因物質である窒素およびリンの流入抑制が大きな課題となっている。

水質汚濁物質としての窒素はさまざまな化学形態をとる。まず，大きくはたんぱく質やアミノ酸などの有機化合物としての窒素，およびアンモニア性窒素（$NH_4^+\text{-}N$），亜硝酸性窒素（$NO_2^-\text{-}N$），硝酸性窒素（$NO_3^-\text{-}N$）といった無機化合物としての窒素に分類される。図 3.5 に，水環境のなかでの窒素原子の循環を模式的に示す。外部環境としての大気と土壌環境を含めた大きな循環では，根粒細菌による空気中窒素の固定が重要である。水環境のなかの循環の項目については，おのおの試験方法が定められている。水質指標としてアンモニア性窒

素が持つ意味は，これによりし尿汚染の存在を知ることができるということである。ただし，窒素の発生源はし尿だけでなく，農地などでの化学肥料の適用もあることを知っておかねばならない。亜硝酸性窒素から硝酸性窒素にまで酸化が進むと，水環境のなかからの除去は一般的にはむずかしい。これら有機性窒素および無機性窒素 3 種の濃度の合計を全窒素（Total Nitrogen, T-N）とよび，環境基準の項目になっている。濃度は mg l^{-1} を用いて表示される。

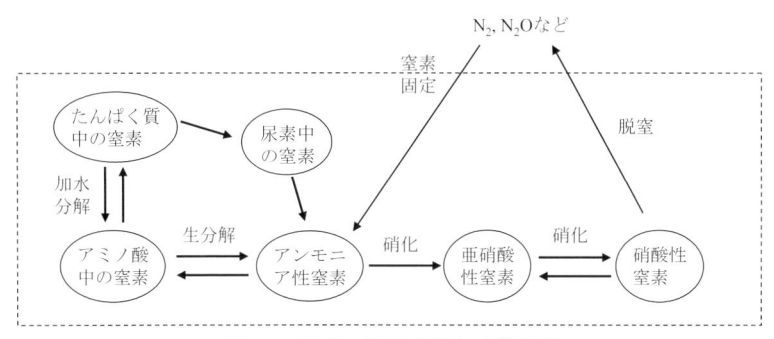

図 3.5　窒素の化学形態と変換過程

リンにも窒素同様に，有機性のリンと無機性のリン酸イオン（PO_4^{3-}）ほかがある。ただし，リンの場合には PO_4^{3-} のように水に溶解している化学種（溶存態）と，ピロリン酸（$P_2O_7^{4-}$）などのように凝集態として懸濁して存在する種とがある。有機態リンは溶存態，懸濁態両方が存在する。これらのリンの全量を表す指標が全リン（Total Phosphorus, T-P）である。濃度表示は mg l^{-1} である。生物体中に含まれるためし尿に含まれるほか，洗剤，肥料，農薬にも含まれることから環境への排出経路は多様である。

(2) クロロフィル a

クロロフィルは植物の葉緑体に含まれる緑色の色素分子であり，植物プランクトンの存在を示す指標になる。4 種類あるクロロフィルのうちクロロフィル a はすべての藻類に含まれているので，通常はこれが富栄養化の指標として用いられる。なお，藻類に関連する指標として，このほか，試水が藻類を潜在的

にどれだけ生産させる能力を持つかを一定条件下で調べる AGP（藻類生産能）という指標がある。

3.2.5 有害物質指標

有害物質指標は，水質環境基準のうち人の健康の保護に関する項目に相当する。かつて，1960 年代〜1970 年代に水俣病やイタイイタイ病などの激烈な公害問題が社会問題化したことを受けて，水銀，カドミウム，六価クロムなどの重金属，アルドリンやエンドリンなどの農薬および PCB（ポリ塩化ビフェニル）などが示す急性または慢性の毒性に対応するための指標化が行われた。これを第一期項目とよぶこともできる。このことはまた，わが国の環境施策の歴史が，重篤な事件を契機に進んできたことを端的にあらわす事例でもある。

1980 年代になってさまざまな化学物質問題が指摘され，調査研究が進められて知見が集積した結果，1993 年に水質環境基準が大きく改正され，トリクロロエチレンやテトラクロロエチレンなどの有機塩素系溶剤，シマジンなどの農薬，その他ベンゼンやセレンなどの一定の有害性が認められる化合物が種々規制項目となった。有機塩素系溶剤は地下水汚染物質として問題化し，農薬は畑地や水田に加えてゴルフ場や市街地などでも幅広く用いられるので環境のなかから検出されることが多くなった。さらに，農地の化学肥料などに起因する硝酸性・亜硝酸性窒素の検出も多くなった。

そこで，これらの有害な化学物質について，主として長期慢性毒性の観点から，またベンゼンなど一部の発がん性が認められる物質については発がん性の観点から規制することとなった。さらに，要監視項目が設けられたが，これは監視を続けて水環境のなかの濃度が高くなるような状況に至ったときには基準項目に加えるという分類で，トルエンなどの有機溶剤，ダイアジノンなどの農薬，ニッケルなどの金属が指定されている。附表 1 にこれらの物質の一覧を示した。

3.2.6 衛生学的指標

疫学的な観点からの水質評価，すなわち水系伝染病を引き起こす病原微生物の存在可能性を把握するための水質指標が，水の衛生状態をあらわす指標とし

て必要性が高い。このような衛生学的指標に求められるのは，病原微生物が存在する水に指標となるものが同時に存在していること，汚濁を受けていない水には存在しないこと，実験室で容易にかつ早く検出・測定することができること，人に対して無毒であることなどといえる。

上記の条件を考慮して，病原性がなく温血動物の腸管内に存在する大腸菌群が古くから選ばれてきた。大腸菌群が水中に多く存在するならば，その水は人の排泄物によって汚染され，消化器系伝染病病原菌によって汚染されている可能性が高いと判断される。なお，大腸菌群はグラム染色陰性の無芽胞桿菌で，乳糖を分解して酸とガスを産生するすべての好気性または通性嫌気性菌をさしている。分類上必ずしも大腸菌（*Escherichia coli*）に近縁のもののみというわけではない。また，し尿と無関係の自然界由来の細菌も含まれる。

―― コラム 細菌：――

> 細菌はバクテリアともいわれ，非常に小さな単細胞生物で，大きさは 0.5～数 µm 程度である。細胞は細胞膜によって外界から仕切られており，その内部に細胞質と遺伝情報を持つ核がある。生理学的な分類がよく用いられ，グラム染色法によって染色されるグラム陽性菌と染色されない陰性菌とがあり，これは細胞膜の化学的な組成に関係している。環境条件との関連では，温度により低温，中温，高温菌に，酸素の必要性から好気性細菌，通性嫌気性細菌，（絶対）嫌気性細菌に分類される。通性嫌気性細菌は好気性・嫌気性いずれの条件でも棲息でき，大腸菌，酸生成菌，脱窒菌などがこれに該当する。栄養条件の観点では，無機化合物を利用してエネルギーを得る独立栄養細菌と有機物を代謝してエネルギーを獲得し，一部を細菌の構成物質に変換する従属栄養細菌に分類される。有機汚濁を受けた水の浄化に関わる好気性細菌は，従属栄養細菌である。独立栄養細菌には，光のエネルギーを利用する光合成細菌などが含まれる。

大腸菌群の水質試験法にはいくつかあるが，排水のようにある程度以上の汚染が予想される試料に用いられる希釈平板法は，選択寒天培地（デソオキシコール酸塩培地）に，試料水を適当に希釈した液を塗り付けて培養し，それぞれについて 36℃ で 24 時間以内に発生した集落（コロニー）数を数える方法である。1 個の菌体からは一つのコロニーが生まれる原理に基づいている。測定した結果は，通常，水 100 ml 中の大腸菌群の数で表示される。

3.2.7 生物学的指標

理化学的指標では，直接的であるか，酸素消費のように間接的であるかの違いはあるが，水のなかに存在する物質を定量することによって水の汚濁度，逆にいうと清浄度を表示する．これに対し，汚濁物質の影響などを総合的に反映してその水域にどのような生物が棲んでいるかによって水域の清浄度を表示するのが生物学的指標である．図 3.6 に，指標になる生物の一例を示した．生物学的指標は理化学的指標に比較すると感覚的であることからなじみやすいともいえ，また，長い期間にわたってその水域がどのような水質上の変遷を経てきたかを示すいわば積分型の水質指標ともみなせる．

きれいな水（水質等級では貧腐水性）でみられるカワゲラ（オオヤマカワゲラ）

ややきれいな水（水質等級ではβ中腐水性）でみられる緑藻類（ホモエオリックス ヤンシーナ）

きたない水（水質等級ではα中腐水性）でみられるシマイシビル

主にたいへんきたない水（水質等級では強腐水性）でみられるユスリカ

図 3.6　水の汚れの指標になる生物（底棲動物・付着藻類）の例（出典：神奈川県環境部水質保全課　リバー・ウォッチング　パート 2）

3.2.8 水質汚濁の現象と機構

河川や湖沼などの水域に排水などとともに流出した汚濁物質は，さまざまな作用を受けると考えられる．それには，粒子状物質の物理的な沈殿があり，化学的作用としての加水分解，光分解，嫌気的な条件にある底質中での還元，さらに微生物などによる生物学的な分解がある．その様子を図 3.7 に模式的に示した．そして，このような機構と過程により汚濁物質の濃度が低下して水質が

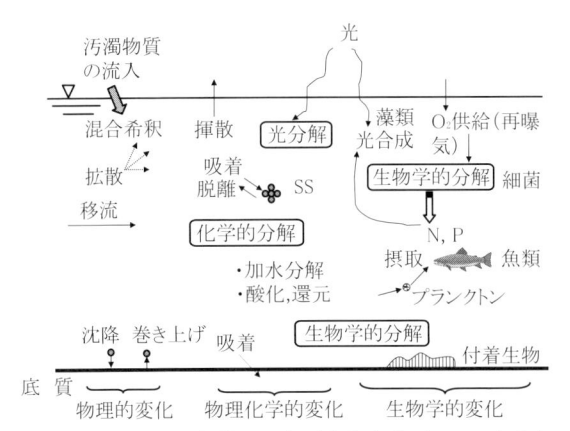

図 3.7 水環境内における汚濁物質のさまざまな変化（出典：住友恒，村上仁士，伊藤禎彦著：環境工学，理工図書，p.76（2000）をもとに追加，改変）

浄化されていく現象を自浄作用とよぶ。

　いま，ある河川で汚濁物質が流入した場合を考え，そのときの水質変化と自浄作用の進行について考えよう。上で述べたような各種の過程のなかで，河川において卓越する浄化機構は，生物による有機汚濁物質（すなわち BOD で表される成分）の分解である。河川に排水が流入した直後の水質は，排水と河川水の希釈・混合が瞬時に達成されると単純化すると，水質と水量との積で表される負荷の収支に基づいて関係は次式のように表される（図 3.8）。

$$C_1 Q_1 + C_2 Q_2 = C_0 (Q_1 + Q_2) \tag{3.6}$$

ここで，C は汚濁物質濃度（mg l^{-1}），Q は流量（m^3 d^{-1}）であり，添え字 0，1 および 2 はそれぞれ排水の流入点，河川水上流側の混合直前部，そして流入排水を示す。C_0 について解くと，

$$C_0 = \frac{C_1 \cdot Q_1 + C_2 \cdot Q_2}{Q_1 + Q_2} \tag{3.7}$$

と表される。

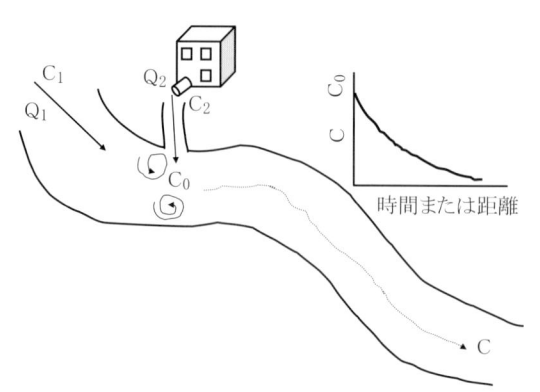

図3.8 河川への排水流入と混合希釈および自浄作用

【例題】

BOD2 mg l^{-1},流量 0.1 m³ s⁻¹ で流れる河川に,生活排水が処理をされ,BOD で 10 mg l^{-1} となった排水が 1 日に 200 m³ 流入している。瞬時に水が混合するとみなしたときの合流点での水質は,BOD でどれだけになるか？

解答

$$0.1\,\mathrm{m^3\,s^{-1}} = 8640\,\mathrm{m^3\,d^{-1}}$$

よって,

$$C_0 = \frac{2 \times 8640 + 10 \times 200}{8640 + 200} \fallingdotseq 2.2\,\mathrm{mg}\,l^{-1}$$

次に,水質の自浄作用により,どれだけの速さで汚濁が減少していくのかを常に水が流れている河川を例に考えよう。

いま,汚濁物質の濃度を C で表すことにすると,出発時点 t_0 での濃度 C_0 と時間が t だけ経過した時点での濃度 C との間には,

$$-dC/dt = kC \tag{3.8}$$

という関係が成り立つ。C はこの場合 BOD とするのが一般である。ここに k は反応速度定数で,単位の次元は時間の逆数 [T⁻¹] である。河川の自浄作用を

考える場合，とくに脱酸素係数とよばれ，単位は（d^{-1}）が通常用いられる。また，減少を示しているので，式には負の符号を付けた。これは一次反応の速度式にほかならず，微分方程式を解くことにより，

$$\ln C_0 / C = kt \tag{3.9}$$
$$C = C_0 e^{-kt} \tag{3.10}$$

と導くことができる。

一方，河川では，有機汚濁物質の微生物による酸化分解に起因する溶存酸素の消費と，外界空気中からの酸素の供給（再曝気）とが同時に起きている。ただし，汚濁物質が排出されてはじめのうちは脱酸素反応（すなわち物質側からいえば酸化反応である）が卓越するため溶存酸素が消費されて減少する。ある時点で脱酸素反応と再曝気とが平衡になるが，その後は再曝気が卓越して，溶存酸素濃度も上昇し飽和値に近付いていく。

河川での平均的な脱酸素係数 k の値は，微生物の作用に多くを依存することから，水深や流れの速さなどによって異なり，0.03～3(d^{-1})の範囲にある[2]。中央値としては 0.1～0.5(d^{-1})程度の値をあげることができ，この値は汚濁が半減する時間（これを半減期とよぶ）にすると，およそ 1～7 日である。

3.3 上下水道と水処理技術

3.3.1 上水道と浄水処理
(1) 上水道の役割としくみ

水道は，清浄でかつ豊富・低廉に水を供給することを基本的な役割としている。清浄であることは，供給される水が附表2に示す水道水の水質基準を満たすことで確保される。生活用水としての飲料水は，直接に不特定多数の人が飲用に供することになるだけに，健康への影響について厳格に考慮して必要な基準を設けておかなければならない。かつて，離れた水源から水路（古代ローマの水道を思い出してみよう）を使って水を導き利用したのが水道の原型と考えられる。このような時代には，コレラや赤痢といった消化器系の伝染病が大流

行することもあった。そこで，原水となる水に何らかの浄水の操作を施して飲用に適する水として管路を用いてまた圧力をかけて供給する近代水道が作られるようになった。日本で明治時代から始まった近代的な水道の整備は，既に100年の年月を数え，国民の衛生状態の改善に大きな役割を果たしてきた。いまやわが国の水道は，2001（平成13）年3月末現在，人口比で96.6%の普及率となった[a]。整備・普及の時代から維持・管理上の課題が中心となる時代に移行したといえる。

水道は，一般に取水，導水，浄水，送水，配水および給水という諸過程からなる。主体別にみると，取水から配水までは各自治体などによる水道事業体であるが，給水は建物の所有者が責任を持つことになる。

水道は，下水道とともにもっとも重要な都市基盤施設の一つである。そのため計画的な整備が必要とされ，水源をどこに求めるか，どの地域の，どれだけの人口に対し，どれだけの量を運ぶかなどについて詳細を決定しなければならない。すなわち，計画給水区域，計画給水人口および計画給水量などを詳しく決めていくこととなる。

ところで，私たちはどのような水を水源としているのだろうか。水源別の年間取水量にそれをみることができる。合計168億2000万 m^3（2000年度）の年間取水量のうち，ダム，河川水および湖沼水の表流水からは71.8%，浅井戸および深井戸，伏流水の地下水から25.2%となっている。このように，日本での水利用の多くは表流水への依存度が大きい。

―――― **コラム** 水の旅：――――

人口350万人余りの大都市，神奈川県横浜市の金沢区に住むAさんが使う水はどこから来るのか，一つの事例を考えてみよう。横浜市の水源には，相模（さがみ）川とそれに流れ込む道志（どうし）川に関連する系統，そして酒匂（さかわ）川系統を含め全部で五つがあり，神奈川県内広域水道企業団によって供給される系統が一部含まれる。取水は相模川での相模大ぜき，酒匂川での飯泉取水ぜきほか数か所で行われ，1日約196万 m^3（横浜スタジアムをマスにして約6杯分）である。横浜市金沢区への給水系統は，相模川下流部（河口から約6 km）の寒川取水ぜきで取水され，ここからポンプ圧送によって導水管を流れ，横浜市戸塚区の小雀（こすずめ）浄水場に送られる。ここで飲料に適した水道水になった後，送水管によって配水池に貯留され，そして各家庭に配水される。相模川の源は富士山のふもと忍野八海であり，道志川の水源は丹沢山塊の北側に位置する山梨県道志村である。森林が持つ保水能力と浄化作用は，自然の大きな水源かん養機能であり，

良質で安全な水を生み出す最大の源になる。最初のほんの一滴が，長い長い旅を経て豊かな水の恵みをもたらすのである。

参考：横浜市水道局総務部総務課発行，よこはま WATER2002（2002）

　水道水の利用については，一般家庭で生活用水として利用されるだけでなく，事務所ビル，官公庁，学校，百貨店，ホテルなどのさまざまな業務用水・営業用水にも利用され，さらに工業用水として各種の工場で利用される。幅広い都市活動のなかで利用されていることが理解されよう。これらのなかで，必要な水道水供給量を算定する基礎となるのが生活用水である。一般家庭での 1 人 1 日あたりの水の平均使用量は，200～250 $l\,d^{-1}\,人^{-1}$ である。読者自身の感覚と照らし合わせてどうだろうか。この使用量の内訳の例について，表 3.3 に示す。

表 3.3　家庭での用途別生活用水使用量の例

用　途	平均使用量（$l\,d^{-1}\,人^{-1}$）
風呂用水	60（25）*
水洗便所用水	50（20.8）
洗濯用水	40（16.7）
炊事用水	30（12.5）
洗車用水	30（12.5）
洗面用水	10（4.2）
掃除用水	10（4.2）
その他雑用水	10（4.2）
合　計	240

＊括弧内は合計量に対する割合（％）。
出典：津野洋，西田薫著：環境衛生工学，共立出版，p.54（1995）

　業務・営業用には，従来の調査データなどに基づいて建物の延床面積あたりまたは従業者（利用者）あたりの原単位が整えられている。たとえば，やや古い値であるが，事務所ビルの場合延床面積あたりでは 8～9 $l\,m^{-2}\cdot d^{-1}$，ホテルでは 21 $l\,m^{-2}\,d^{-1\;2)}$ などとなっている。最近の値については，必要であれば新規の調査を行うのがよいと思われる。いずれにしても，このような原単位と人口あ

るいは面積の計画値などから1日の平均使用水量が求められる。

　水道の役割は，生活に必要な水を量的に安定して，質的には安全でおいしい水を供給することである。安全な水であることはたいへん重要であるが，近年，水道水源の汚れがひろがり，また，トリハロメタンや環境ホルモン物質などの有害物質による影響をも考慮しなければならない。このような質の問題とその解決を図るうえで，浄水処理の果たす役割が非常に大きいといえる。

コラム　新しい水質基準の導入：

　2004年春の施行をめざして，厚生労働省の厚生科学審議会専門委員会の場で新しい水道水質基準のあり方が検討された。大きな特徴は，基準のなかでの農薬についての考え方にある。従来，基準項目，快適水質項目，監視項目およびゴルフ場使用農薬の4区分であったのを，新基準では1)基準項目，2)管理目標設定項目，3)要検討項目の三つに再編する。従来の基準項目中のシマジンほか4農薬は検出事例が少なかったことからはずされ，新しい基準項目には農薬が含まれない。農薬については，基準項目への分類要件に該当しない農薬を対象に，一定の算出式を用いた検出指標値が1を超えないよう管理する総農薬方式として管理目標設定項目のなかで定められる。101種類の農薬がリスト化されるが，実際の水質試験では各地の水道事業者が水源流域で使用されていると判断した農薬だけを測定すればよい。

　参考：http://www.mhlw.go.jp/public/bosyuu/iken/p0314-1.html

---

(2) 浄水処理技術と課題

　原水の水質が良好なときには簡単な浄水操作で飲用するのに十分な質の水を得ることができるが，水質の悪化に伴って浄水に求められる役割が重要になってきた。一般的な浄水操作の流れを図3.9に示す。基本は濁質の除去と消毒であるが，近年は微量の有機汚染物質の除去が重要な意味を持つようになった。

　図3.9のなかで凝集・沈殿（一連の操作という意味で凝集沈殿とすることもある）と記した単位操作から塩素消毒への流れがもっとも一般的な工程である。しかし，有機物，アンモニア，細菌による汚染度が大きい場合には凝集沈殿の前に塩素処理すなわち前塩素処理を行って酸化処理し，あるいは増殖の抑制をはかる。ただし，有機物が高濃度に存在するときの塩素処理はトリハロメタンの生成につながるので注意しなければならない。生物処理は従来下水や排水に対する水処理操作であるが，原水の有機汚濁が著しい場合には選択されることも想定される。

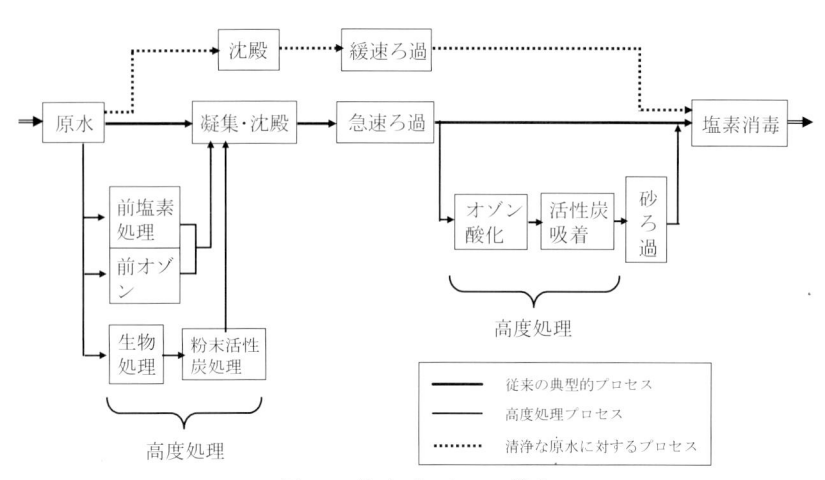

図 3.9 浄水プロセスの構成

　急速ろ過の後のオゾン酸化などは高度処理とよばれ，近年さまざまな技術検討が行われている．この意味では，近年の限外ろ過膜やナノろ過膜などを用いた膜分離技術の大きな発展を背景に，単位操作としてのろ過が膜分離に置き換わることも将来あるかもしれない．なお，金属のマンガンや鉄が存在すると水が着色する原因になるので，これらを除くために塩素処理が適用されることもある．

　以下，各単位操作について述べる．

　a. 凝集

　粒径が概略 10 μm 以上の粒子は自然沈降するが，それ以下の径の粒子を沈降させるときには薬品を用いた凝集によって粒子を大きくする方法がもっぱら適用される．凝集とは小さな粒子を電気的な力によって集合させ，径の大きな粒子に成長させることをいう．これによって大きな塊状になって沈降しやすくなった粒子群をフロックという．この段階になった後，沈殿池で固体と水との分離，すなわち固液分離を行うのである．

　水中に分散している粒子に，コロイド粒子がある（直径 1～500 nm）．自然界のコロイド粒子は表面が負に帯電しており，相互に反発しあって安定した分散系を形成している．その表面には正の電荷の層や正負共存する層があって電気

的な二重層を形成している。このコロイド粒子表面の層における電位を中和することができると，粒子は凝集を生じることになる。電気的な中和によって，粒子間の反発を和らげることになるのである。これには，負の電荷と反対でしかも価数の大きい正イオンを加えることが有効である。通常，硫酸アルミニウム（$Al_2(SO_4)_3 18H_2O$）やポリ塩化アルミニウム（$(Al_2(OH)_n Cl_{6-n})_m$：PACとよばれる）が用いられる。硫酸アルミニウムは硫酸ばんどともよばれ，歴史の古い凝集剤である。硫酸ばんどの場合，凝集効果は水のpHに依存する。PACはアルミニウムの重合体からなる高分子凝集剤であり，pHの点でアルカリ分の消費が少ないという利点がある。

凝集剤は，架橋作用によって粒子間の結合を強固なものとし，フロックを成長させる。なお，活性ケイ酸やアルギン酸ソーダなどが，フロックの成長を促すための補助剤として用いられることもある。

b. 沈殿

沈殿とは，形成されたフロックや懸濁物質が，水中で重力作用によって沈降する現象である。このときの粒子の沈降速度は，球形の粒子が粒子間の干渉がなく沈降すると単純化したとき次のストークスの沈降速度式で表される。

$$v_s = \left(\frac{1}{18}\right)\left\{\left(\frac{\rho_s}{\rho}\right) - 1\right\}\frac{g}{\upsilon} d^2 \tag{3.11}$$

ここで，v_sは粒子の沈降速度（cm s^{-1}），ρ_sは密度（g cm^{-3}），dは直径（cm），υは水の動粘性係数（cm^2 s^{-1}）である。この式から，沈降速度は水と粒子の比重の差と粒子直径の2乗に比例し，動粘性係数に反比例することがわかる。とくに，直径の影響度が大きい。ただし，設計に際しては沈降試験を行う必要があり，また計算された除去率は理論上の最大値を与えることになる。

c. ろ過

ろ過は，水のなかの不純物を大きさによって濾すあるいはふるい分ける操作であり，もっとも身近な水処理操作といえる。ただし，浄水で通常いうところのろ過は急速ろ過である。ろ過には，急速ろ過のほかに，長い歴史を持つ緩速ろ過がある。表3.4に，これら二つのろ過法の特徴を示した。原水が清澄であまり多くの水量を処理する必要のない段階では緩速ろ過で対応できたが，大量

の水を処理する近代水道では，急速ろ過の適用が一般になり，また細菌学的な安全を確保するために塩素消毒を行うことが必須となった。このことが，後述するトリハロメタン問題につながった。

表3.4 緩速ろ過と急速ろ過の特徴

	緩速ろ過	急速ろ過
ろ　材	川砂，山砂など	砂，アンスラサイト（無煙炭）など
ろ過速度	$3 \sim 5 \mathrm{~m~d^{-1}}$ $(\mathrm{m^3 m^{-2} d^{-1}})$ *	$100 \sim 150 \mathrm{~m~d^{-1}}$
浄化機構	ろ材表面付近に付着したゼラチン状の生物膜による汚濁物質の吸着，生物化学作用による分解が生じる。細菌もよく除去される	必ず凝集沈殿と組み合わせて行う。凝集沈殿後の残留フロックがろ材で物理的にふるい分けられる。濁質は除かれるが，細菌は除去できない
設備の運転管理	ろ過の継続によりろ層の閉塞，処理効果の低下などがあると，表面のかき取りを1～2か月に1回行う	逆流洗浄を0.5～1日に1回行う。数分間ろ層の下から浄水を逆流させて砂層を流動させて洗浄をする
課　題	好気性生物膜が形成されないような汚濁の進んだ原水には効果が上がらない。ひろい面積と人手を要する	濁質には大きな除去能力を有するが，それ以外の溶解性成分には不十分である

＊ろ床の単位面積あたり，1日あたりの通水量を表す

　d．消毒

　病原菌に感染することのない衛生上安全な水を供給することが第一に重要であることは，容易に理解されよう。水の消毒には塩素剤を用いた方法がもっともひろく適用されるが，オゾンや紫外線なども最近では用いられる場合が増加した。塩素剤としては，液体塩素（塩素は常温・常圧では黄緑色の気体であるが，圧力をかけると容易に液化し，液体塩素として容器に保存される），次亜塩素酸ナトリウム溶液（NaClO），二酸化塩素（ClO_2）などが用いられる。適用が容易かつ確実であり，残留効果のあることが特徴であるが，とくに効果の残留性は他の消毒方法に比較して大きなメリットである。なぜならば，上水道では，浄水場で消毒した水が末端の給水栓で利用されるまで消毒の効果が持続するこ

とがたいへん重要だからである。

塩素を用いた場合，これは水中で次のように反応する。

$$Cl_2 + H_2O \Leftrightarrow HOCl + H^+ + Cl^- \tag{3.12}$$

$$HOCl \Leftrightarrow H^+ + OCl^- \tag{3.13}$$

この反応は水のpHの影響を受け，pHが5以下ではほとんどがHOCl（次亜塩素酸）の形で，pH9以上ではOCl$^-$の形で存在する。また，HOClのほうが殺菌作用がはるかに強いので，酸性側で消毒効果が高いことになる。このOCl$^-$とHOClの形態で存在している塩素を遊離塩素という。

塩素消毒については，水中に存在するアンモニウムイオン（アンモニア性窒素）によって塩素が消費されるので，アンモニアの濃度を考慮して添加する塩素剤の量を決める必要がある。HOClが次のようにアンモニアと反応する。

$$NH_3 + HOCl \Leftrightarrow NH_2Cl + H_2O \tag{3.14}$$

ここにNH$_2$Clはモノクロラミンとよばれる。さらにHOClとの同様の反応によってNHCl$_2$（ジクロラミン），NCl$_3$（トリクロラミン）が生成する。このうち，モノクロラミンとジクロラミンには不活化力（微生物の活動性をなくすことで，死滅とは違う）があるので，結合塩素とよばれる。ただし，この不活化力は塩素よりかなり弱い。クロラミンが生成したところにさらに塩素を加えると，次式のように結合塩素が減少する。

$$NH_2Cl + HOCl \Leftrightarrow N_2 + 3H^+ + 3Cl^- \tag{3.15}$$

以上の現象を総合すると，次のことがいえる。それは，水への塩素の注入量を多くしていくと，残留塩素（遊離塩素と結合塩素の合計）はいったん増加し，その後低下して極小となる点を経て再び増加する，ということである。残留塩素がもっとも少なくなる点は不連続点とよばれ，この点を越えて塩素注入することで遊離残留塩素を利用する塩素処理法を不連続点塩素処理という。アンモニア性窒素除去と遊離塩素残留が目的である。

わが国の水道法では，水系伝染病を防ぐという観点から，給水栓の末端にお

いて，遊離塩素について 0.1 mg l^{-1} 以上，結合塩素では 0.4 mg l^{-1} 以上の残留塩素があることを定めている．ただし，塩素を多量に注入すると，かるき臭を引き起こし水の味を悪くするので，水質目標値（快適水質項目；附表 2 参照）では，1 mg l^{-1} 以下とされている．

コラム クリプトスポリジウムによる原虫類感染症：

1993 年，米国ミルウォーキー市で水道水を介して約 40 万人が感染した．日本では 1996 年 6 月，埼玉県越生町で水道水を介して約 8800 人が感染する大規模な集団下痢が発生した．クリプトスポリジウムとは，腸管系に寄生する原虫で環境のなかではオーシストとよばれるいわば殻に包まれた状態で存在するが動物に摂取されると消化管の細胞に寄生して増殖し，糞便とともに対外に排出され感染源となる．感染すると，腹痛を伴う水溶性下痢が数日間続く．オーシストは塩素に対して非常に強い耐性があるため，現在の塩素消毒で有効な除去ができず問題を招いている．そこで，高度の膜分離技術を適用することが必要となるが，現状では，浄水工程の管理強化と水の濁度の管理強化などで対応している．

参考：北野大，及川紀久雄著：人間・環境・地球-化学物質と安全性-第 3 版，共立出版，p.223 (2000)

---

e. 高度処理

水道水源の水質悪化あるいはおいしい水に対する要求にこたえるため，従来の標準的な浄水方法より高度な処理操作を適用する例が増してきた．その目的は，トリハロメタンなどの消毒副生成物の生成抑制と除去，カビ臭などの異臭味除去，環境ホルモンなどの微量有機汚染物質への対処などである．主な高度処理技術には，オゾン処理，活性炭処理，膜分離処理および生物処理がある．

トリハロメタンとは，メタン（CH_4）の分子中の三つの水素原子がハロゲン（F,Cl,Br,I）により置換された化合物を総称している．これらは揮発性が比較的強い化合物である．そのうち，図 3.10 に示す 4 化合物について，図中および附表 2 にあるように基準値が定められている．これら個々の基準値のほかに，総トリハロメタンとして総濃度（0.1 mg l^{-1}）の基準もある．トリハロメタンは，1970 年台初期の研究報告で明らかにされて以来，米国環境保護庁から全米に及ぶ広範な調査結果が 1975 年に報告されるなどの多くの調査研究が行われた．

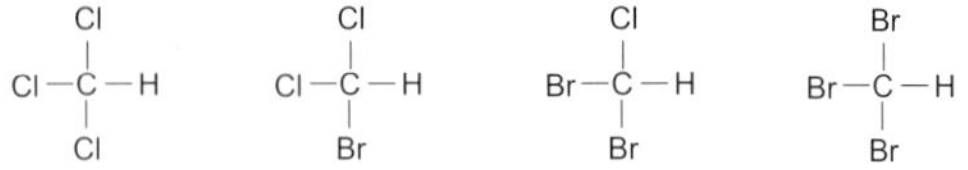

	クロロホルム	ブロモジクロロメタン	ジブロモクロロメタン	ブロモホルム
水道水質基準 ($mg\ l^{-1}$)	0.06	0.03	0.1	0.09
沸点(℃)	61.7	90.0	120	149–152
水への溶解度 ($mg\ l^{-1}$, 20または25℃)	8200	4500	4000	1000

図 3.10 主なトリハロメタン類の構造式，基準値および物性

こうして，自然由来の有機物であるフミン質と消毒のために注入された塩素とが反応してトリハロメタンを生成することが明らかにされてきた。フミン質は腐植質ともいわれ，微生物による植物体の分解が進んだ結果残存した安定な有機物である。pH 条件に応じた溶解性によりさらにいくつかの物質群に分けられるが，フミン酸，フルボ酸とよばれるものが代表的である。分子量が数千（$g\ mol^{-1}$）から数万に及ぶ。複雑な構造の末端に-$COCH_3$ 基や-OH 基などの官能基を多数含み，これが塩素との反応後断片化して低分子のトリハロメタンになると考えられている。フミン質またはこれに類似した構造を持ち，トリハロメタンの生成に寄与する物質を生成前駆物質という。反応で生成する有機ハロゲン化合物は他にも多種類あり，トリハロメタンはそのうちの 10～30％といわれる。そのため，全有機ハロゲン化合物という概念で，有機化合物の一部として含まれるハロゲン量の総量を把握して水質指標とすることもある。

最近の水道水の質的な問題を象徴するもう一つの課題が，異臭味，とくにかび臭である。主な原因物質はジオスミンと 2-メチルイソボネオール（2-MIB）であり，これらは藍藻類をはじめとする微生物が水中で増殖すると産生され，その結果，水が臭気を発するようになる。快適水質項目（附表 2）の一つとして目標値が定められている。なお，これらの値の単位は $ng\ l^{-1}$ であり，他の項目と比較して非常に微量である。異臭味の被害は感覚的で，また，微生物が増殖する時期に生じる一時的な問題であるが，水道水全体に対する信頼感へも影響を与える可能性があり，軽視はできない。

高度処理技術の性能上の特徴などを**表 3.5** に示す。オゾン酸化法は，オゾン（O_3）の強い酸化力を利用して，臭味成分，色度成分，トリハロメタン生成前駆物質およびその他の微量有機汚染物質を酸化分解する技法である。オゾンは，注入された水中では反応後それ自体分解して酸素になり，残留物がないという特徴がある。なお，電気エネルギーを利用しているので，適用条件によっては処理費用がかさむ場合もある。

表3.5　高度処理を含む各浄水処理方法による除去の特性

項　目	浄水処理方法					
	急速ろ過	緩速ろ過	高度処理			
			活性炭吸着	オゾン酸化	膜分離	生物処理
濁度	◎	○	△	×	◎	△
色度	△	○	○	◎	△	×
過マンガン酸カリウム消費量	△	○	△	○	○	○
アンモニア性窒素	×	○	×	×	×	◎
硝酸性窒素	×	×	×	×	×	×
トリハロメタン前駆物質	△	○	○	○	○	△
界面活性剤	×	○	◎	○	△	○
農薬	×	△	◎	○	○	○
臭気	×	○	◎	◎	△	○
一般細菌	○	○	△	◎	◎	△

◎：非常によく除去できる，　○：よく除去できる，　△：あまり除去できない，
×：全く除去できない
出典：金子光美編著：水質衛生学，技法堂出版，p.116（1996）をもとに追加・改変した

　活性炭とは，石炭およびヤシ殻などを原料とした多孔質性の固体吸着剤の一種であり，薬品または高温の水蒸気を用いて原料を賦活することにより，**図 3.11** に示すような細孔が表面に発達し，おおむね活性炭 1 g あたり 600〜1100 m^2 という大きな比表面積を作りだしている。粒径が 0.1 mm 以下の粉末炭と 1 mm 前後の粒状炭とがある。粉末炭は一時的な対策として，例えば薬品混和池に投

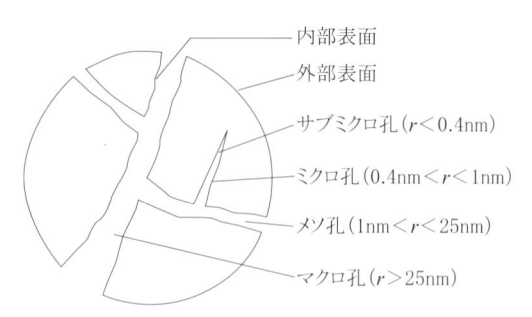

図3.11　固体吸着剤の表面および細孔の分類（出典：真田雄三, 鈴木基之, 藤元薫編, 堤和男著：新版　活性炭-基礎と応用-, 講談社, p.17（1992））

入され，沈殿池で回収するというようにして用いられる。

　活性炭表面には，図3.11にあるようにさまざまな径の細孔が発達し，またこの表面は疎水性である。活性炭吸着法は，水中に溶存している有機汚染物質を細孔内表面に吸着し，除去する方法である。吸着は，ファン・デル・ワールス力などの比較的弱い結合による物理吸着であり，高温にしてガスを流すことにより，被吸着物は再び活性炭表面から脱離する。オゾン酸化法と同様，異臭味成分や有機汚染物質の除去に用いられるが，適用にあたっては対象物処理のために必要な活性炭量を決める必要がある。それには活性炭の吸着能を知る必要があり，一定の温度条件下で吸着対象物質を含む水溶液と活性炭とを接触させて平衡に達した時点での対象物質の水中濃度と活性炭単位量あたりの吸着量との関係を求める。これらの間には，経験的に次のような吸着等温式（フロイントリッヒ式）が成立し，解析に用いられることが多い。

$$Q = kC^{1/n} \tag{3.16}$$

または

$$\log Q = \log k + (1/n)\log C \tag{3.17}$$

ここに，　Q：活性炭単位量あたりの平衡吸着量（mg (g-活性炭)$^{-1}$）
　　　　　C：平衡濃度（mg l^{-1}）
　　　　　$k, 1/n$：定数

(3.17) 式より，両対数図上で直線が得られることになり，これに基づいて k 値と n 値を決定しておけば，任意の処理水質（すなわち平衡濃度）C を与える Q を求めることができる．吸着による除去量は濃度と水量との積で計算できるので，処理に適用する活性炭量が求まることになる．なお，充填塔形式での水処理への適用では，活性炭の表面に微生物が増殖し，生物活性炭とよばれる状態になることもあり，この場合には活性炭の寿命は長くなる．

【例題】
活性炭による水中フェノールの吸着等温式が，濃度 0.001〜$1\mathrm{mg}\,l^{-1}$ の範囲で $Q = 50 \cdot C^{0.60}$（Q の単位は mg (g-活性炭)$^{-1}$，C の単位は mg l^{-1}）と求められている．このとき，フェノールを $1\,\mathrm{mg}\,l^{-1}$ 含む水溶液 $100\,\mathrm{m}l$ にある量の活性炭を添加して平衡に達するよう十分な時間接触させると，平衡濃度は $0.1\,\mathrm{mg}\,l^{-1}$ になった．このとき添加した活性炭量は何 mg であったか？

解答
実験開始前の水溶液 $100\,\mathrm{m}l$ 中に存在するフェノールの絶対量は，$1\,\mathrm{mg}\,l^{-1} \times (100\mathrm{m}l/1000\mathrm{m}l) = 0.1\,\mathrm{mg}$ である．同様に平衡に達した後では $0.01\,\mathrm{mg}$ であるから，水中から活性炭に吸着されたフェノールの量は，$0.1 - 0.01 = 0.09\,\mathrm{mg}$ である．一方，平衡濃度が $0.1\,\mathrm{mg}\,l^{-1}$ であることより，(3.16) 式に代入して Q は，$12.6\,\mathrm{mg}$ (g-活性炭)$^{-1}$ となる．

よって，求める活性炭の量は，

$$\frac{0.09}{12.6} = 0.0071\mathrm{g} = 7.1\mathrm{mg}$$

図 3.9 で記したように，急速ろ過の後に高度処理としてオゾン酸化や活性炭吸着を適用するのが一例であり，後オゾン処理とよばれる．これ以外には凝集沈殿-オゾン処理-急速ろ過-活性炭処理という方法もあり，これは中オゾン処理とよばれる．なお，オゾン処理を行うと，水中に存在していた難分解性物質（微生物による分解が一般的には困難な汚染物質のことをいう）が分解しやすい有機物に変質することがあるので留意する必要がある．

水に対する信頼感は揺らいでいるのが現状である．それを示すデータの一つ

が，図 3.12 に示されるミネラルウォーターについての需要増加であろう。さらに，家庭用浄水器の普及にもそれをみることができる。安全な水を低廉にだれにでも供給するという水道本来の使命をいかに維持していくかが，いま問われている。

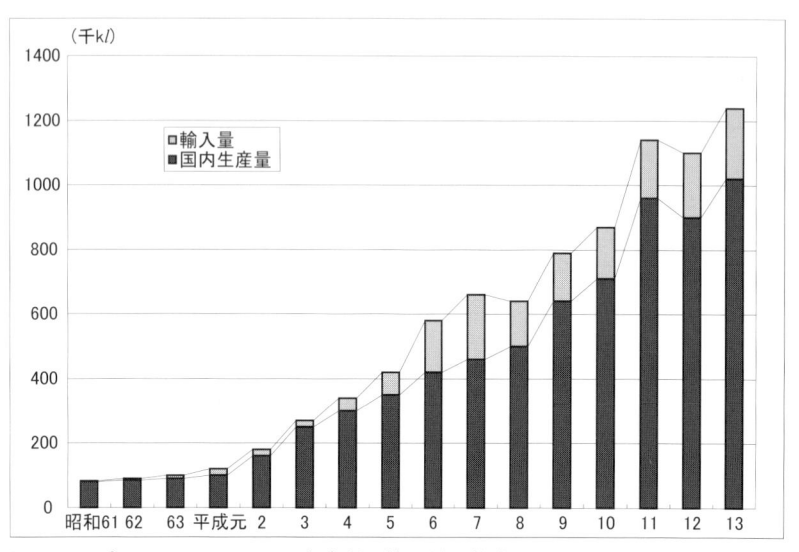

図 3.12 ミネラルウォーターの生産量・輸入量の推移（出典：国土交通省編：平成 14 年版日本の水資源, p.137（2002））

―――― コラム　家庭用浄水器 ――――

　水のおいしさ，臭いの除去あるいは安全性を求めて，家庭用浄水器の普及が進んでいる。浄水器協議会の行った 2007 年 7 月の調査（全国の 1344 世帯から回答を得た）によると，34.0% が浄水器を使用している。
　この家庭用浄水器には，先端的な水処理技術が組み込まれている。一般には，活性炭吸着と膜ろ過による浄化機構を適用した方式が多い。活性炭フィルターでは，残留塩素とそれによるカルキ臭，カビ臭，その他トリハロメタンや農薬など各種の有機化合物が取り除かれる。膜ろ過では，径が 0.01～0.4 μm 程度の孔があいたろ過膜（中空糸膜とよばれる細いマカロニ状の膜を束ねた構造をしている）が多く，一般細菌やカビ類，赤サビなどが取り除かれる。最近では，単一のろ過材よりも複数のろ過材を組み合わせた浄水器が多くなっている。活性炭+膜ろ過方式では，無機塩類（いわゆるミネラル分）が除去されることはなく，水をおいしいと感じさせる成分を失わせることはな

い。なお，活性炭吸着による有機汚染物質の除去効果の持続には限界があることに留意する必要がある。とくに，トリハロメタン類に対する除去効果を長期にわたって期待することはむずかしい。

参考：http://www.jwpa.or.jp/index.html

　f．今後の課題

水道と飲料水に関する課題は，以下のように整理できる。
①水源の汚れの進行
②塩素処理による種々の消毒副生成物
③農薬や環境ホルモンなど微量の化学物質汚染
④新規の病原菌の出現

　これらの問題は相互に関連し合っており，総合的な対策が求められる。社会的・制度的な面からは，「水道原水水質保全事業の実施の促進に関する法律」ほかがすでに制定され，水質保全のための計画を策定することになっている。また，自治体によっては水源税を導入することによって，森林の水源涵養能力を保持し，良質で豊富な水源を確保するための新たな財源を求めることが模索されている。

　一方，技術的には，高度処理技術の開発を進め，適用することによって上記課題の解決をはかることが求められる。しかし，高度処理に投入するコストと得られる効果との対応などをよく考慮したうえで，現実的に有効な方策を進めることが重要である。

3.3.2　下水道と下水処理
(1)　下水道の役割としくみ

　下水道は，「下水に流す」という言い方にみられるように，やっかいなものは目の前からすばやく遠ざけたいという意識で認識されやすい。これは，まさに下水道の持つ役割の一端を象徴する見方といえる。ただし，今日の下水道は，都市の水循環を支える重要な基盤施設であるとともに，情報の基盤としてもエネルギーの輸送媒体としても非常に重要な役割を期待されるようになった。**表3.6**にその役割を整理した。歴史的には，汚水を排除して生活環境を改善し，浸水を防除するなどの役割から，公共用水域の環境保全を担うことの比重が大

きくなり，さらに，新しい水資源などとして都市の快適環境の創造に役立てようという機運が高まっている。

表3.6　下水道の役割

役　割	内　容
伝染病の予防	汚水が環境へ直接放流されるのを回避し，下水処理水の消毒により病原菌の放出を防ぐことができる
生活環境の改善	1) 汚水をすみやかに排除することにより，蚊・ハエの発生を防止し，衛生的な環境を作る 2) 水洗化により，快適で衛生的な生活様式となる
浸水の防除	降雨などによる浸水を防ぎ，人命と財産を守る
公共用水域の水質・水環境保全	1) 河川・湖沼・海などの水環境を保全する 2) 生態系を構成する生物を守り，自然環境を維持する 3) 良好な水道原水，農業用水，工業用水を確保する 4) 水質汚濁を防止し，水産資源を保護する
快適環境の創造	修景用水などに下水処理水を再利用し，潤いのある都市環境の創造に寄与する
健全な水循環の形成	1) 下水処理水を水域に還元し，自浄作用の効果により再度水源としての利用を可能にする 2) 高度処理した処理水を雑用水として建物内・都市の地区内で循環利用する
都市防災への寄与	1) 下水処理場を地域の防災拠点とする 2) 下水処理水を防火用水などに活用する
新規エネルギー源などとしての寄与	1) 処理水を熱源として利用する 2) 汚泥焼却の排熱を発電に利用する 3) 汚泥消化からのメタンガスを発電などに利用する 4) 汚泥溶融スラグから建設資材などを作る 5) 管渠に光ファイバーケーブルを敷設する

出典：住友恒，村上仁士，伊藤禎彦著：環境工学(2版)，理工図書，p.128(2000)に基づき，改変・追加した

―――――― コラム　下水道の歴史：――――――
紀元前には6～7世紀頃のバビロン，および古代ローマで都市の排水施設が造られていた。その後，暗黒の時代といわれる欧州の中世では長く進展がなかった。都市での人間の排泄物は街路に捨てられ，不衛生で疫病流行の危険性があった。18～19世紀になり水系伝染病と汚水との関係が

理解されるにつれて，汚物を雨水とともに排除するための下水道が建設され始めた．ロンドンで，コレラの大流行を受けてテームズ川の汚濁を改善するために設けられたのが始まりである．当初は汚れた水をただ集めて放流するだけであったが，19世紀後半には沈殿処理が行われるようになり，20世紀に入ると生物処理が行われるようになった．

　日本では，江戸時代まで，し尿は大切な肥料として農地に利用され，雑排水もそのまま河川へ流すことはあまりなかったので，河川環境は欧州と比べて衛生的であった．下水道が造られたのは明治時代になって都市に人口が集まりはじめ，コレラの流行などがあって後のことである．大正11年に，当時の東京市の三河島処理場で散水ろ床法による施設が，ついで昭和初期には名古屋市の堀留処理場ほかで活性汚泥法を採用した下水処理場が建設されたが，全国規模で本格的な整備が進められるようになったのは戦後，しかも昭和40年代以降のことである．

　わが国の全国の下水道普及率（対人口比）は，総平均では2002（平成14）年3月末の時点で63.5％まで進捗した[b]．しかし，97.3％でもっとも高い東京都から，10.5％でもっとも低い徳島県まで非常に幅広い．都市の規模別にみると，人口規模の大きい都市ほど普及率は高い．下水道の建設には巨額の費用を要することから，人口規模の小さい農村地域などでは経済的に課題が多く，後述するように，合併浄化槽の適用など多様な方策が試みられている．

　下水道とは，発生する下水を集めて排除し，処理するシステムである．また，下水には，生活または事業に起因もしくは付随する廃水である「汚水」と「雨水」が含まれる．図3.13に，下水道の種類と構成を示す．公共下水道は市や町が事業主体となって建設・管理される下水道であり，単独で終末処理場を持つ単独公共下水道と流域下水道に接続する流域関連公共下水道がある．ここで，終末処理場とは，通常私たちが下水処理場とよんでいるものである．流域下水道とは，二つ以上にわたる市町村区域内の公共下水道からの下水を処理するための管渠，ポンプ場および終末処理場などの施設をいい，事業主体は都道府県である．流域下水道は，放流先となる河川の水質汚濁を防止する観点からなるべく下流に終末処理場を配置するという考え方で整備が進められた．大規模化のスケールメリットや効率的に水質保全を達成できる利点はあるが，一方で管渠がいたずらに長くなり完成まで長い期間と巨額の費用を要すること，河川の望ましい水量維持ができなくなるなどの欠点も多く指摘され，かつて論争となった[3]．

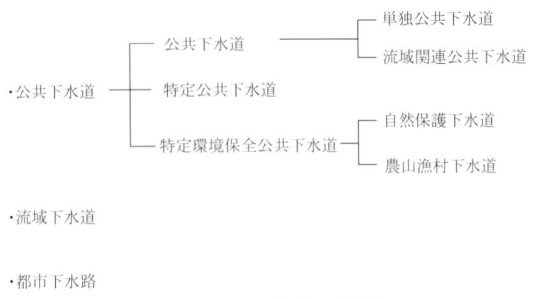

```
                    ┌─公共下水道─────┬─単独公共下水道
                    │              └─流域関連公共下水道
・公共下水道────────┼─特定公共下水道
                    │                    ┌─自然保護下水道
                    └─特定環境保全公共下水道┤
                                         └─農山漁村下水道

・流域下水道

・都市下水路
```

図 3.13　下水道の種類

　下水の排除方式には，合流式と分流式の 2 種類がある。合流式とは汚水と雨水を同一の管渠で排除するものであり，分流式では両者をそれぞれ別の管渠で排除する。合流式については，雨天時に下水量が増して一定量を超えると，雨水吐き室から公共用水域に放流されるので水質保全上問題となる。これに対し，分流式では汚水はすべて終末処理場へ集められ，雨水は直接水域へ放流される。管渠を 2 系統設ける必要はあるが，近年は，水質汚濁防止面ですぐれた分流式の採用が主体となっている。

　一般家庭の生活排水処理がどのように行れているかについては，次のようである。1997 年度末において水洗便所が使える人口は全体の 78.9％であるが，その内訳をみると下水道普及地域で使用しているのは 51.1％で，27.8％はし尿浄化槽を利用している。浄化槽とは，便所と連結してし尿またはそれと併せて雑排水を処理する設備である。これには，歴史的にし尿を処理する単独浄化槽と雑排水も併せて処理する合併浄化槽とがある。しかし，1998 年（平成 10 年）度で単独浄化槽の製造が中止され，新規設置の浄化槽については実質的に合併浄化槽のみとなった。これは，次項に記すように，汚濁負荷の観点では雑排水のほうが大きいという事実に基づいている。

(2) 下水・生活排水の特徴

　下水道で運ばれる下水には，一般の家庭からの生活排水，工場内で発生する諸排水を下水道の受入れ基準に適合するように除害施設で処理した排水，事務所ビルなどから排出される排水など多種多様排水が含まれる。このうち，生

活排水は他に比較して一般的な知見が得やすいので,これについての水量および水質上の特徴をみてみよう。

生活排水の量は,生活用水の量にほぼ等しいと考えられる。ただし,世帯の家族構成や個々人の生活スタイルなどで値にばらつきがある。実際の調査データに基づく平均的なデータとしては,225 l 人$^{-1}$ d^{-1} という数字をあげている例があり,その内訳は,水洗便所排水が 40 l 人$^{-1}$ d^{-1},雑排水が 185 l 人$^{-1}$ d^{-1} と見積もられている[4]。浄化槽の構造基準では,200 l 人$^{-1}$ d^{-1},うち水洗便所排水量 50 l 人$^{-1}$ d^{-1} を標準としている。**表 3.7** には,生活排水種類ごとの排水量と各水質指標についての平均的な濃度を示した。このように,生活排水および都市下水の典型的な BOD 値は,200 mg l^{-1} である。

表 3.7 生活排水種類ごとの排水量と水質

排水の種類	排水量 (l d^{-1})	水質項目 (mg l^{-1})				
		BOD	COD	SS	T-N	T-P
水洗便所排水	40	425	225	475	175	16
雑排水	185	162	70	87	8.0	1.9
生活排水(総合)	225	210	98	155	38	4.4

出典:河村清史著,浄化槽技術者の生活排水処理工学:(財)日本環境整備教育センター,p.22, (1995) を一部改変した

なお,終末処理場を計画する場合は,汚水量の最大値をもとに,これに工場排水量,地下水の浸入量などを足し合わせて計画される。

ここで,負荷量について考えてみよう。負荷量とは,問題とする水域あるいは処理施設などに,系外から負荷される絶対量であり,濃度 (mg l^{-1} = g m^{-3}) と水量 (m^3) の積として算出される。次式のように 1 人 1 日あたりの量として表されることが通常なので,とくに原単位と表現することもある。

$$[負荷原単位\ (g\ 人^{-1} d^{-1})] = [濃度\ (mg\ l^{-1})] \times [排水量\ (m^3\ 人^{-1} d^{-1})] \tag{3.18}$$

実際の家庭で行われた調査からは,生活雑排水の BOD の原単位は約 30 g 人$^{-1}$

d^{-1},し尿に起因する水洗便所排水の原単位は約 17 g 人$^{-1}$ d^{-1},合計で 47 g 人$^{-1}$ d^{-1} と見積もられている[4]。BOD などの有機汚濁指標,T-N などの無機栄養塩指標ともに,濃度では水洗便所排水のほうが高い。しかし,負荷量は生活雑排水のほうが高くなることに注目しよう。ここに,単独浄化槽の新規設置を廃止して,合併浄化槽へ移行した大きな理由がある。

下水,生活排水には非常に多種類の物質が含まれている。さまざまなものを溶かし込んでいるといういい方もできる。水はたいへんすぐれた溶媒であることを示すよい例であろう。無機物では,塩化物,炭酸塩,硫酸塩,ケイ酸塩,アルミニウムの酸化物やこれらの複雑な化合物さらに窒素およびリン化合物が存在する。また,微量ではあるが,鉛 (Pb),クロム (Cr),カドミウム (Cd),銅 (Cu) などの重金属,ときにはシアンといった有害(有毒)物質が工場排水などから流入することもある。有機物では,炭水化物(糖類,でんぷんなど),窒素化合物(たんぱく質,アミノ酸,尿素など),脂質,油などが存在する。そのおおまかな構成は,炭水化物が 25～50％,たんぱく質が 40～60％,脂質が 10％程度といわれる[5]。微量な有機化合物には,近年問題となる合成有機化合物(いわゆる有害化学物質)が各種含まれる。なかでも合成洗剤の主要成分である界面活性剤は,家庭や工場で洗剤として多量に使用されることから,水質汚濁物質として長年多くの関心が持たれ,研究対象となってきた。

(3) 排水の処理技術と課題

終末処理場へ流入する下水のおおまかな水質は,BOD で 150～200 mg l^{-1},SS で 100～250 mg l^{-1},T-N で 15～50 mg l^{-1},T-P で 2～5 mg l^{-1} 程度である。処理施設では,このような各種汚濁物質の含まれる排水を一般に図 3.14 に示す流れにそって処理している。流入下水中の夾雑物がスクリーンで取り除かれた後,沈砂池では土砂類が除去される。この後,ポンプでくみ上げられて最初沈殿池,曝気槽(エアレーションタンクともいう),そして最終沈殿池へと 10～12 時間をかけて流れ,塩素消毒を行った後,公共用水域に放流される。

最初沈殿池では,自然沈降しやすい浮遊物質 (SS) が沈殿し除去される。SSには有機性のものも含まれるので,この段階で BOD 成分が 30％程度除去される。曝気槽は処理の中心であり,曝気(空気の吹き込みと撹拌作用)を行いな

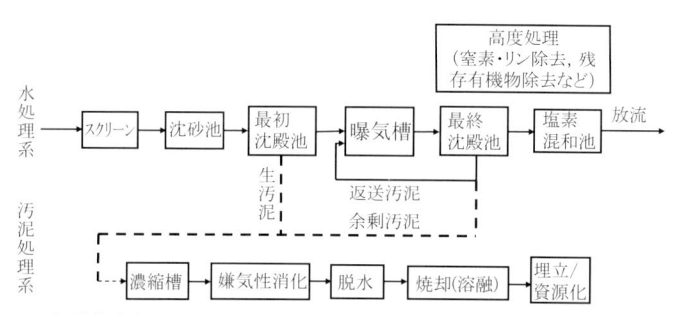

図 3.14 下水道終末処理場の一般的な構成（汚泥処理系については，必ずしもすべて備わっているとはいえない）

がら有機物が活性汚泥とよばれる微生物集合体のなかの細菌に摂取されて二酸化炭素と水に分解され，有機物の一部は活性汚泥菌体に変換される．最終沈殿池では沈降性の良好な活性汚泥が底部に沈殿し，清澄な上澄みと分離される．すなわち固液分離である．沈殿した活性汚泥の一部は，再び曝気槽に戻される（返送汚泥）．最初沈殿池での沈降分離を一次処理，曝気槽での生物学的な処理を二次処理という．最近では，富栄養化防止など放流水域の水質保全のために高度処理が行われることもある．

浄化の中心となるのは生物学的な原理に基づく排水処理技術であり，図 3.15 には，その種類を体系的に整理した．

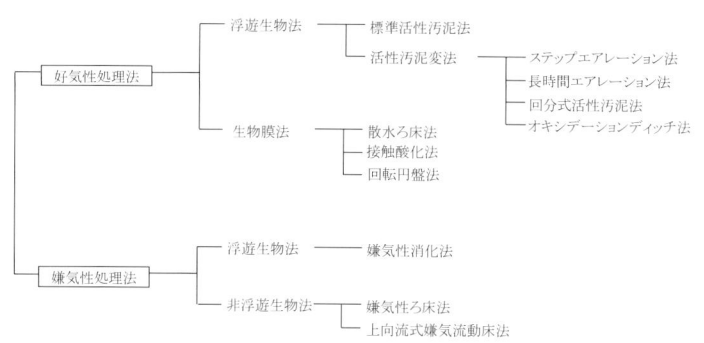

図 3.15 生物学的排水処理技術の分類（高濃度廃液を対象としたものも含む）

a. 活性汚泥法

活性汚泥法は，生物学的排水処理の代表的な技術である。全国にある下水処理場（小規模なものは除く）のうち，約80％の処理場で活性汚泥法が用いられている。

処理の主役を担うのは，細菌，真菌類，原生動物，微小後生動物などのさまざまな微生物である。図3.16には，これら排水浄化でみられる微生物の例を示した。微生物とは，おおまかには直径1 mmまたはそれ以下の生物をいい，観察には通常，顕微鏡を用いる。生物は細胞から成り立っているが，この細胞の構造と機能に基づいて真核生物，真性細菌および古細菌に分類される。真核生物には，植物，動物とともに単細胞性の原生生物が属し，この原生生物に真菌類，藻類，原生動物といった単細胞または菌糸状の生物が含まれる。細菌は，形状により球菌，桿（かん）菌，鞭毛菌などの種類があり，大きさは長さで0.5～10 μm程度である。水中の汚染物質を摂取し，代謝によって分解することで汚水浄化の主体となる。一方，原生動物や微小後生動物は細菌とともに集団として活性汚泥や生物膜を構成し，細菌およびより小型の微生物を摂取する。活性汚泥に関しては良好な汚泥の塊（フロック）を形作るうえで，原生動物などが非常に重要な役割を果たす。

微生物とくに細菌については，生育上酸素（溶存酸素）との関係から，酸素

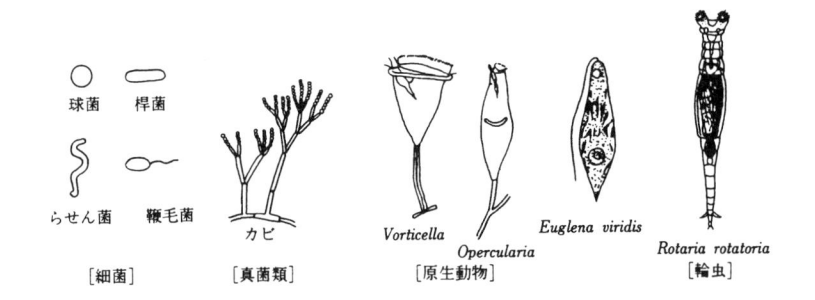

図3.16 排水の生物処理でみられる微生物（出典：津野洋，西田薫著：環境衛生工学，P.129，共立出版（1995））

が十分にある条件を好む種が好気性細菌であり，活性汚泥に出現する多くはこれである．逆に酸素が存在すると生育できない細菌を嫌気性細菌という．メタン生成菌や硫酸還元菌などが該当する．酸素が存在してもしなくても生育可能なものは通性嫌気性細菌とよばれ，これには大腸菌などが属する．微生物が取り込んだ栄養（基質）としての有機化合物代謝過程には二通りあり，生命維持のためのエネルギー源として用いられる過程と，微生物体自身を作り上げる過程がある．エネルギー獲得のために有機化合物と酸素を利用する細菌を，好気性従属栄養菌という．

活性汚泥法では，微生物の集合体である活性汚泥が，曝気による撹拌を受けて浮遊・懸濁していることに特徴がある．

生物学的排水処理で分解対象となる有機物すなわち基質の代謝について，グルコースを例に反応式を示すと，次のようになる．

$$C_6H_{12}O_6 + 8O_2 + 2NH_3 \rightarrow 2C_5H_7NO_2 \quad （新規合成細胞） \\ + 8CO_2 + 14H_2O \tag{3.19}$$

微生物による浄化の過程について，単純な場合を例にとる．下水を容器（ビーカーなど）に入れ，少量の活性汚泥懸濁液を加えて曝気を始めるとする．下水中の汚濁物質濃度は BOD で代表させよう．活性汚泥の濃度を MLSS（Mixed Liquor Suspended Solid：混合液中懸濁物質）という用語であらわす．このような処理方式を回分式といい，二つの濃度指標は図 3.17 に示す時間経過をたどるはずである．すなわち，微生物が新しい下水に慣れるまでの遅滞期がしばらくあり，その後微生物が急速に増殖を始めるとともに汚濁物質濃度は減少する．この時期を対数増殖期という．やがて，汚濁物質濃度の低下が進むと増殖速度は小さくなって減衰増殖期になる．さらに進むと微生物の餌となる汚濁物質がないため，内生呼吸期となって自己分解により微生物濃度が減少し始める．

実際の下水処理施設では連続的に下水が曝気槽に流入することになるが，このとき，微生物単位量あたりまたは曝気槽単位容積あたりの除去対象物質負荷量が重要な設計および操作因子となる．これらが，BOD-MLSS 負荷率（L_S）および BOD-容積負荷率（L_V）である．L_S は次式で表される．

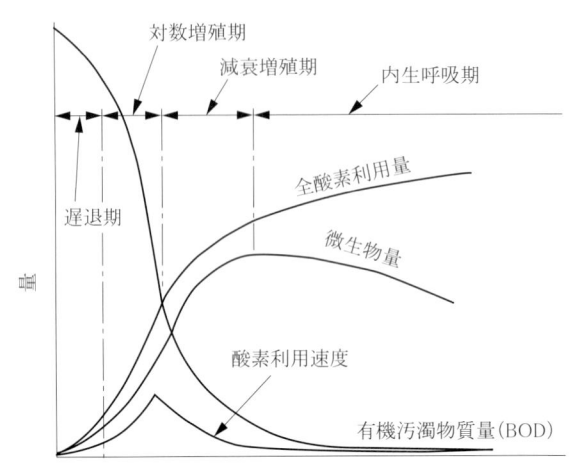

図3.17 回分系での有機性基質の分解と微生物の増殖（出典：海老江邦雄，芦立徳厚著，衛生工学演習：森北出版，p.214（1992）を一部改変した）

$$L_S(\mathrm{kg-BOD(kg-MLSS)^{-1}d^{-1}}) = \frac{C_0 \cdot Q}{C_{MLSS} \cdot V} \tag{3.20}$$

$$= \frac{C_0}{C_{MLSS} \cdot T} \tag{3.21}$$

ここに，C_0：流入下水のBOD濃度（mg l^{-1}），Q：曝気槽流入水量（m³ d⁻¹），C_{MLSS}：MLSS濃度（mg l^{-1}），V：曝気槽容積（m³）であり，Tは$T=V/Q$で表される滞留時間である。L_Sの値が大き過ぎると，微生物に対する汚濁物質の負荷が過大で十分な処理が行われないおそれもある。標準的には0.2～0.4の範囲に設定される。また，MLSSを決めることで，(3.20)式を用いて，処理に必要な曝気槽の容積を算定することができるほか，(3.21)式からは流入下水濃度に応じた必要滞留時間を知ることができる。

一方，通常の下水を対象とした活性汚泥法ならば曝気槽のMLSS濃度は1500～2000 mg l^{-1}の範囲にある程度固定されるので，より簡単な因子として次式のL_Vが用いられる．

$$L_V(\mathrm{kg-BOD\ m^{-3}d^{-1}}) = \frac{C_0 \cdot Q}{V} \times 10^{-3} \tag{3.22}$$

$$= \frac{C_0}{T} \times 10^{-3} \tag{3.23}$$

【例題】

以下の条件のもとで，活性汚泥法における BOD-MLSS 負荷率（L_S），BOD-容積負荷率（L_V）を求めてみよう。

「下水の流入量：50000 m^3 d^{-1}，流入下水の BOD：200 mg l^{-1}，曝気槽容積：10000 m^3，曝気槽内 MLSS 濃度：2000 mg l^{-1}，最初沈殿池での BOD 除去率：30%」

解答

$$L_S = 50000 \times 200 \times (1-0.3)/(2000 \times 10000) = 0.35$$
$$(\mathrm{kg-BOD(kg-MLSS)^{-1}d^{-1}})$$
$$L_V = \{50000 \times 200 \times (1-0.3)/10000\} \times 10^{-3} = 0.70$$
$$(\mathrm{kg-BOD\ m^{-3}d^{-1}})$$

生物反応による処理を円滑に行うには，反応器のなかに微生物が十分な量存在することが必要である。とくに，活性汚泥法のような浮遊型の方式では，最終沈殿池で沈殿汚泥を集めて曝気槽へ返送する操作が必須である。このときの返送汚泥率 R_S は，Q_R/Q（Q_R：返送汚泥量(m^3 d^{-1})）となる。曝気槽 MLSS 濃度との間には次のような関係が成り立つ。

$$C_{MLSS} = \frac{Q \cdot C_{SS} + Q_R \cdot C_{RSS}}{Q + Q_R} = \frac{Q \cdot C_{SS} + Q \cdot R_S \cdot C_{RSS}}{Q + Q \cdot R_S} \tag{3.24}$$

$$\cong \frac{R_S \cdot C_{RSS}}{1 + R_S} \tag{3.25}$$

ここに，C_{SS}：流入下水の SS 濃度（mg l^{-1}），C_{RSS}：返送汚泥の SS 濃度（mg l^{-1}）であり，また通常，$C_{SS} \ll C_{RSS}$ なので，(3.24) 式から近似的に (3.25) 式のようになり，さらにこれより，$R_S = C_{MLSS}/(C_{RSS} - C_{MLSS})$ なる関係が導かれる。標準的な R_S は 20〜40% である。

また，活性汚泥法では汚泥の沈降性が良好なことがとくに重要であり，次式のような汚泥容量指標(SVI)が沈降性を判断するための指標として利用される。

$$SVI = \frac{D_S}{C_{MLSS}} \times 10^4 \tag{3.26}$$

ここに，D_Sは活性汚泥を 30 分間静置沈殿させたとき，汚泥界面の高さの水面高さに対する百分率（％）であり，SVI は 1 g の活性汚泥が占める容積を ml 単位で表示したものになる。活性汚泥が正常な状態であればこの値は 50〜100 程度であるが，200 以上になるとバルキング状態といわれ，最終沈殿池での固液分離が困難となって SS の流出による放流水質の悪化を引き起こす。バルキングの原因には，流入下水の量と質についての大幅な変動，重金属などの毒物の高濃度流入などがある。

活性汚泥法は良好な維持管理を行えれば，BOD の除去率で 95％程度以上の処理効果をあげることができ，信頼性の高い完成された技術であるが，一方，課題として次のような点を指摘することができる。すなわち，1) 大量の余剰汚泥が発生すること，2) 送風ポンプによるエアレーションに多くのコストを要すること，3) 窒素・リンの除去率があまり高くないこと，4) 有害物質の流入などがあると適切な処理ができず，またバルキングのような阻害を受けやすいこと，などである。放流先水域の状況から窒素・リンの高度な除去を必要とする場合には，後述する高度処理の導入が図られようとしている。

b. 生物膜法

砕石を積んだ層に下水を散水したり，ろ材とよばれる担体を下水中に浸漬しておくと，水中の微生物がろ材の表面に付着・生育し，生物による膜を形成する。この生物膜ができ上がると，下水に含まれる主に溶解性の有機物は生物膜に吸着され，その後膜内に棲息する微生物によって分解される。

図 3.18 には，生物膜法に分類される各種処理技術を示した。これらのなかで，散水ろ床法は古くから用いられてきた技術である。数 cm 程度の砕石などを敷き詰めたろ床に，回転アームから間欠的に散水が行われ，処理水はろ床の下部で集水される。ろ材間の空隙を汚水が通過する際に，空気中から酸素が水中に供給される。

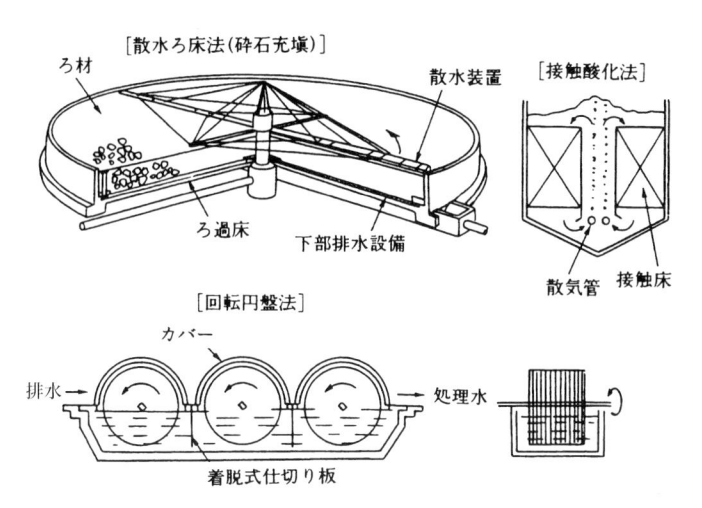

図 3.18 生物膜法の各種処理技術（出典：津野洋，西田薫著：環境衛生工学，共立出版，p.146（1995））

　回転円盤（円板）法は，直径 1〜4 m，厚さ 1〜20 mm 程度の合成樹脂製円盤を汚水中に浸漬させてゆっくりと回転させ，円盤が空気中に出ている間に酸素の供給が行われる。表面に付着した生物が有機性の汚れを酸化分解する。
　接触酸化法は，反応槽に接触材を充填し，これに曝気を併用して酸素の供給と液の混合を十分に行い，接触材表面に付着した微生物によって浄化する方法であり，いわば浮遊法と生物膜法の中間的な方法である。さまざまな形状のプラスチック素材が接触材として用いられる。合併浄化槽に近年多く用いられる。

　c. 高度処理

　BOD で表される有機汚濁物質の除去を目的とした処理は二次処理とよばれるのに対し，さらに質的に良好な水を得るために行われる処理を高度処理または三次処理という。高度処理の目的と具体的な処理技術の例を表 3.8 に示す。近年，閉鎖性水域の富栄養化の進行を防ぐため，窒素とリン除去の高度化が求められることが多い。
　窒素の高度処理には，生物学的脱窒素法が適用される。図 3.5 に示したように，排水中の有機性窒素やアンモニア性窒素は好気的な環境で硝酸性窒素にま

表3.8 排水高度処理の目的と主な処理技術

除去対象水質項目	主な適用の目的	処理方法
SS SS起因BOD	・処理水の場内での再利用 ・河川上流部での水質保全	・マイクロストレーナー ・凝集沈殿 ・急速ろ過，精密ろ過
窒素	・湖沼，内湾の富栄養化防止 ・水道原水の水質保全 ・農業用水の水質保全 ・工場用水の水質保全	・生物学的硝化脱窒 ・イオン交換 ・不連続点塩素処理 ・アンモニアストリッピング
リン	・湖沼，内湾の富栄養化防止	・凝集沈殿 ・晶析脱リン ・生物学的リン除去
微量有機物 難分解性有機物 （COD） 色度成分	・外観の向上 ・高度の再利用	・活性炭吸着 ・オゾン・生物処理 ・逆浸透（ナノろ過），限外ろ過
無機塩類	・高度の再利用	・逆浸透

出典：津野洋，西田薫著：環境衛生工学，共立出版，p.147（1995）を改変，追加した

で酸化される。これを硝化という。この後，嫌気的な環境になると還元されて窒素ガスになる。これを脱窒という。硝化には *Nitrosomonas* および *Nitrobacter* 属の細菌が，また脱窒には通性嫌気性菌である脱窒菌が働く。各過程の反応式は以下のようである。

$$2NH_4^+ + 3O_2 \rightarrow 2NO_2^- + 4H^+ + 2H_2O \qquad <Nitrosomonas> \qquad (3.27)$$

$$2NO_2^- + O_2 \rightarrow 2NO_3^- \qquad <Nitrobacter> \qquad (3.28)$$

$$6NO_3^- + 5CH_3OH(水素供与体) \rightarrow 3N_2 + 5CO_2 + 7H_2O + 6OH^- \qquad (3.29)$$

脱窒過程では水素供与体を必要とするので，例としてメタノールを用いた場合を示したが，排水中に含まれる有機化合物も同様の役割を果たす。実際の処理では，生物処理を2段階で行うことになり，第1段階の槽で硝化を起こさせ，第2段階の槽で脱窒を生じさせる。その結果，水中の窒素分が除去されること

になる。

　リンの除去方法としては物理化学的処理である凝集沈殿法や晶析脱リン法が多く用いられるが，生物学的な方法もある。凝集沈殿法では，水道で用いられる硫酸アルミニウムなどのアルミニウム化合物や塩化鉄などの鉄化合物が凝集剤として用いられる。生物学的脱リン法は，ある種の微生物が嫌気条件でリンを放出し，好気条件では逆に多く取り込むという特徴を利用する方法である。

　水の循環利用を行う場合，あるいは二次処理を行っても残留する環境ホルモン物質などの微量汚染物質を除去したいとき，有機物とくに溶解性有機物の除去が要求される。3.3.1項で述べた活性炭吸着法やオゾン酸化法がこのような排水の高度処理においても適用されるが，最近大きく進歩している技術に膜分離法がある。

　膜分離法は，有機高分子（ポリビニルアルコール，ポリスルホン，ポリ四フッ化エチレンなど）やセラミックなどの素材でできた微細孔を持つ膜を用いて，水中の汚濁物質を水から分離する技術である。図3.5のなかに記載したように，除去対象となる汚濁物質の寸法によって，粗いほうから精密ろ過（MF），限外ろ過（UF），ナノろ過（NF）および逆浸透（RO）がある。従来，逆浸透は，水とNaClなどの塩溶液の間を半透膜（水分子は通すが溶質分子を通さない膜）で隔てたとき，塩溶液の方に浸透圧以上の圧力をかけることで水分子のみが膜を通過することを利用して，海水から真水を得る技術として用いられてきた。ただし，非常に高い圧力をかける必要があった。これに対し，ナノろ過膜は200〜1500 kPa程度の比較的低圧で操作することができ，1 nm前後の寸法の物質をも分離することが可能なことから，近年注目されている。限外ろ過膜法は，生物処理後の微生物起因の微細な粒子状物質や有機・無機のコロイド成分などを除去するのに多く用いられる。次項で述べるビルでの排水の再利用への適用例が近年多い。膜分離法の実際では，単位時間あたりの処理量（フラックスという）が十分に得られるようにすることと，膜表面の汚れを防ぐことが重要である。近年の膜分離法の広がりは，ナノテクノロジーの進展を含めた素材製造技術の進歩に負うところが大きい。

3.4 水の循環利用

　一般家庭や工場などで使用され，水は多くの汚れを溶かし込むことになる。質的に劣化した水を浄化する水処理技術は進化をとげており，水質の再生はさほどむずかしいことではない。現実には浄化のためのエネルギー投入量，つまり再生に要する費用が大きな要因になるが，高度処理の技術は存在する。一方，水は用途により，それに見合った質の水が使われてしかるべきであろう。飲料に適した良質な水をどんな場合にも一律に供給する必要はないといえる。さらに，水を再生しつつ繰り返し利用するしくみがコストの面から問題なくできれば，資源としての水の持続的な利用が容易となる。

　こうして，水の循環利用は，循環型社会に適合した持続可能な新しい水資源の形態として注目されている。従来から，排水の再利用の試みは行われており，とくに水使用量の制御が生産費用に影響する工場では，積極的に取り組まれてきた。また，東京都や福岡市では過去に大きな渇水を経験したことから，事務所ビルでの水の循環利用がはかられるよう条例化されている。

　水の循環利用については，いくつかの用語が用いられる。本書では下水や産業排水などの排水を，各種の高度処理技術によって再生し有効に利用することを排水の再利用とよぶ。一方，水洗便所の洗浄水といった再生水の用途に着目して，再生水および雨水を含めて水道水より質の低い水を利用することを雑用水利用，用いられる水を雑用水ということがある。さらに，都市におけるビルでの再利用の形態について，上水道と下水道の中間という意味合いで中水道と表現することがあり，このときその水を中水とよんでいる。

　排水の再利用には図 3.19 に示すように，いくつかの方式・形態がある。個別循環方式は，事務所ビルなど個別の建築物において使用後の排水と敷地内に降った雨水を原水とした再生水を当該建築物内で利用する方式である。地区循環方式は，比較的まとまった狭い地域，例えば大規模な集合住宅や市街地再開発地区などの複数の建築物において，排水・雨水の再生水を共同で利用する方式である。東京都では「雑用水利用に係る指導指針」を定めて，延べ床面積 30,000 m^2 以上または雑用水量（計画可能水量）100 m^3 d^{-1} 以上の建築物を計画してい

3.4 水の循環利用

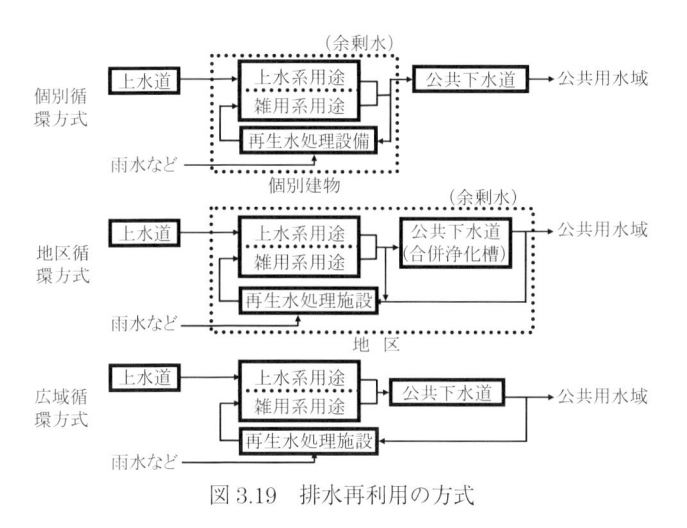

図 3.19　排水再利用の方式

る事業者に対し，再利用設備の設置が指導されている。広域循環方式は，広域的かつ大規模に複数の建築物に再生水を供給する方式で，下水道終末処理場から供給されるのが一般的である。都内では，新宿副都心地区において，落合下水処理場で処理・再生された水が約 20 のビルに供給され，利用されている。このほか，環境・修景用再利用として，再生水を池沼や人工水路に放流して水環境を創出すること，河川水量・水質の改善を目的として河川に放流する方式がある。また，河川水系を対象として，大きな規模で終末処理場から処理水・再生水を放流して河川の維持水量の確保などを積極的にはかる方式もある。

　排水の再利用については，人への接触の可能性があり，安全性の確保が重要となる。再生水の用途によって安全性の考え方が異なってくるため，用途に応じた再生水の水質基準が定められている。いくつかの基準または指針値によると，水洗便所用水を用途とした場合の大腸菌群数は 10 個 ml^{-1} であるが，散水用水に用いる場合には検出されないこととなっている。COD については，基準が設けられている場合，15〜40 mg l^{-1} の数値が採用されている。

　再生水の用途は，水洗便所用水としての利用が大部分であり，ほかに冷房・冷却用水，散水用水，洗車用水，清掃用水などとして用いられる。東京都内の調査例では，再利用を行っているビルで処理の対象となる原水について，手洗

いおよび厨房排水などの雑排水またはこれに雨水を加えた組み合わせが多く，水洗便所排水を処理対象とする例は比較的少ないことが明らかにされている[6]。また，適用されている排水処理技術は，近年，図 3.20 のように，生物処理＋(砂)ろ過処理という一般的なプロセスよりも生物処理＋膜（限外ろ過膜）分離処理という組み合わせが多くなっていることがうかがわれる。ただし，このような期待の持てる排水再利用であるが，水量からみた利用率は，平均で約 27％にとどまっているほか，上記の膜分離法を組み込んだ排水処理方法は膜が高価であることなどから，費用がかさむ例もみられる。そのほか，初歩的な事項であるが，再生水と上水の二重配管になることから，配管の誤接合にも注意する必要がある。

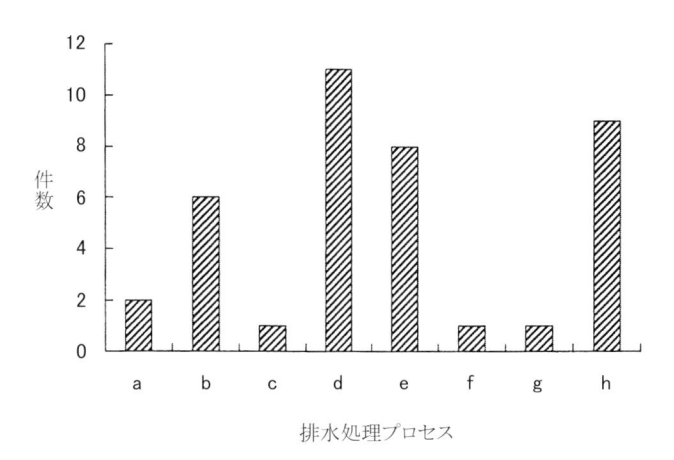

a: 生物処理＋ろ過　　b: 生物処理＋ろ過＋活性炭吸着
c: 生物処理＋活性炭吸着＋オゾン酸化
d: 生物処理＋膜分離　　e: 生物処理＋膜分離＋活性炭吸着
f: 膜分離＋活性炭吸着　g: 膜分離＋オゾン酸化
h: その他（ろ過＋活性炭吸着など）

図 3.20　ビルにおける排水再利用で適用される処理技術（東京都内のビル）（出典：川本克也（2001））

3.5 土壌環境の汚染と修復

3.5.1 土壌環境汚染の現状と要因

　土壌汚染とは，人為的な活動によって排出された化学物質が，何らかの原因によって直接的に土壌に入り込む結果，生態系や人の健康に悪影響が及ぶことをいう。事故による漏出や不法投棄などが原因となる例が多い。鉱山など地下資源の採掘や精錬を行う場所からの流出，農地で農薬や化学肥料を使い続けること，また，工場での化学物質の貯留タンクや配管などからの漏れなどが汚染発生の形態となる。特徴としては，土壌中に汚染物質が蓄積されること，土壌の汚染が地下水の汚染につながり範囲がひろがりやすいことがあげられる。

　人が影響を受ける形態については，汚染された土壌に直接皮膚が接触したり，その土壌粒子を呼吸により吸い込む場合，または，汚染された土壌で生育した農作物を食物として摂取したり，汚染土壌で生育した牧草で飼育された家畜の肉，牛乳などを摂取する場合などが想定される。

　土壌汚染が生じる科学的な要因として，土壌が吸着やイオン交換などの機構によって種々の化学物質を保持しやすいことがあげられる。とくに，腐植質などの土壌有機物に富む土壌は化学物質を強く保持する傾向が強い。このことから，大気や水環境に比較して土壌中の物質移動は遅く，微生物によって容易に分解されるような条件を除いて長期間土壌中にとどまることになる。

　わが国で過去に問題となった農用地（水田）の土壌汚染物質は，カドミウム，銅，ヒ素である。カドミウムは，亜鉛鉱山（岐阜県神岡鉱山）から富山県神通川へ流れ出したものが下流の水田土壌を汚染したため生じたイタイイタイ病（1950年代から症例が報告され，1960年代に至って国により公害病の見解が出された）の原因として知られる。ヒ素は鉱山が起源となる例（大分県土呂久）もあるが，農用地ではヒ素含有農薬が原因となる。

　工場では，金属の六価クロムによる汚染が大きな問題となった。また，有機溶剤を製品製造用の溶剤あるいは金属の脱脂洗浄などに多用する工場や事業場において，トリクロロエチレンやテトラクロロエチレンなどが土壌を汚染する事例が近年非常に多い。さらに，廃棄物焼却施設から排出された飛灰などに含

まれるダイオキシン類による汚染もしだいに明らかになり，関心が高まっている。

　土壌汚染に対するわが国の法的な対策は，上記の農用地の土壌汚染対策に始まり，それ以外の土壌に対しては，1995 年の土壌の汚染に係る環境基準の設定から始まった。2002 年には，土壌汚染による健康被害への懸念および対策確立への社会的な要請が高まっている状況を踏まえ，土壌汚染対策法が成立した。この法律は，汚染による環境上の悪影響を防止することを目的として，汚染による危険性の管理が必要な場所の調査を行い，その場所を指定区域にして登録し，汚染を除去するなどして適切に管理することを内容としている。従来の土壌環境基準の見直しが行われ，表 3.9 に示す特定有害物質の基準値が定められた。

　土壌汚染が判明した数は年々増加しており，1998 年以降は年間 200 件前後にのぼる。汚染物質別では，金属類では鉛が 170 件でもっとも多く，ついでヒ素，六価クロムなどとなっている。有機化合物では，トリクロロエチレン，テトラクロロエチレンが多い。

3.5.2　汚染修復技術

　汚染物質が何であるかによって，対策としての修復技術は異なる。重金属については汚染土壌の表面の覆土によって直接摂取することによる影響は防ぐことができるが，溶出する可能性が高ければその場（原位置）での無害化や掘削による除去，および掘削土壌について土壌洗浄を行うこと，固形化・不溶化処理することといった対策が必要となる。

　トリクロロエチレンなどは揮発性の有機化合物である一方，液体の比重が大きくまた水への溶解度が比較的大きいので土壌中を浸透しやすく，地下水汚染を引き起こす可能性が高い。原位置での浄化方法として，土壌間隙の空気（土壌ガス）をポンプで吸引する土壌吸引法，あるいは土壌中の微生物による浄化作用を利用・増強するバイオレメディエーション法などが用いられる。

　ダイオキシン類などの非常に有害性の高い化学物質についても，土壌汚染にかんして種々の対策技術が提案されている。

表 3.9　土壌汚染対策における特定有害物質の指定基準

項目	溶出量基準	含有量基準
カドミウム	0.01 mg l^{-1} 以下	150 mg kg^{-1} 以下
全シアン	検出されないこと	（浮遊シアン）50 mg kg^{-1} 以下
有機燐	検出されないこと	
鉛	0.01 mg l^{-1} 以下	150 mg kg^{-1} 以下
六価クロム	0.05 mg l^{-1} 以下	250 mg kg^{-1} 以下
ヒ素	0.01 mg l^{-1} 以下	150 mg kg^{-1} 以下
総水銀	0.005 mg l^{-1} 以下	15 mg kg^{-1} 以下
アルキル水銀	検出されないこと	
PCB	検出されないこと	
ジクロロメタン	0.02 mg l^{-1} 以下	
四塩化炭素	0.002 mg l^{-1} 以下	
1,2-ジクロロエタン	0.004 mg l^{-1} 以下	
1,1-ジクロロエチレン	0.02 mg l^{-1} 以下	
シス-1,2-ジクロロエチレン	0.04 mg l^{-1} 以下	
1,1,1-トリクロロエタン	1 mg l^{-1} 以下	
1,1,2-トリクロロエタン	0.006 mg l^{-1} 以下	
トリクロロエチレン	0.03 mg l^{-1} 以下	
テトラクロロエチレン	0.01 mg l^{-1} 以下	
1,3-ジクロロプロペン	0.002 mg l^{-1} 以下	
チウラム	0.006 mg l^{-1} 以下	
シマジン	0.003 mg l^{-1} 以下	
チオベンカルブ	0.02 mg l^{-1} 以下	
ベンゼン	0.01 mg l^{-1} 以下	
セレン	0.01 mg l^{-1} 以下	150 mg kg^{-1} 以下
ふっ素	0.8 mg l^{-1} 以下	4,000 mg kg^{-1} 以下
ほう素	1 mg l^{-1} 以下	4,000 mg kg^{-1} 以下

出典：由田秀人：土壌汚染対策法の施行について，廃棄物学会誌，Vol.14, 79-84（2003）

【演習問題】

1. 有機汚濁を表す水質指標の特徴および利用にあたっての留意点について述べよ。

2. 水中での窒素原子の形態の変化を窒素による水質汚濁と関連付けて述べよ。

3. 表 3.7 に示した生活排水種類ごとの排水量と各水質指標についての平均的な濃度をもとに、汚濁負荷量を計算してみよ。次に、全体のなかで雑排水の占める比率を求め、汚濁源としての重要性について考察せよ。

4. 高度浄水処理は、従来の浄水処理方法と比較してどのような特徴を持っているか。

5. BOD が 220 mg l^{-1}、SS が 200 mg l^{-1} の都市下水 80,000 $m^3 d^{-1}$ の流量を標準活性汚泥法によって処理している。最初沈殿池での BOD および SS 除去率が 25% であり、曝気層の容積が 20,000 m^3、MLSS が 2,500 mg l^{-1} で運転されているとするとき、
   (1) 最初沈殿池での沈殿汚泥量はどれだけになるか。
   (2) BOD-SS 負荷と BOD-容積負荷を求めよ。
   (3) 汚泥返送率が 25% であるとすると、返送汚泥濃度はいくらか。

6. 水の循環利用はどのようにあるべきか、考えるところを述べよ。

【参考文献】

1) （社）日本水環境学会編集：日本の水環境行政, pp.33-42, ぎょうせい（1999）
2) 住友恒, 村上仁士, 伊藤禎彦著：環境工学, 理工図書, pp.43-155（2000）
3) 中西準子著：下水道 水再生の哲学, 朝日新聞社, pp.3-63（1983）
4) 河村清史著：浄化槽技術者の生活排水処理工学,（財）日本環境整備教育センター, pp.11-24（1995）
5) 徳平淳著：衛生工学第 2 版, 森北出版, pp.162-177（1994）
6) 川本克也：ビル中水道施設における水の再利用特性, 関東学院大学工学部研究報告, Vol.44-2, 97-103 （2001）

【参考とした Web ページ】

a) （社）日本水道協会：http://www.jwwa.or.jp/shiryou/water/water.html
b) （社）日本下水道協会：http://www.jswa.jp/index.htm

第 4 章
廃棄物と環境

　製品およびその生産の過程で発生した廃棄物量の総和は，質量保存則の観点からは生産に要した資源量と同一のはずである。製品もやがては使用できなくなり廃棄物となることから，資源消費量が減少しない限り，廃棄物量も減少しないはずである。しかしながら，排出基準値以下に浄化された水や気体，あるいは利用価値がある副産物や副生成物は一般に廃棄物としてカウントされない。よって，使用された資源量の一部のみが結果的に廃棄物とよばれ，種々の処理を経て，大気，河川，海に排出されるか，埋立によって最終処分されることになる。**図 4.1** に，1998 年におけるわが国の総物質収支を示す。総物質投入量は年間 20 億 t 以上であり，国民 1 人あたりに換算すると約 16 t に達する。その約半分は社会に蓄積され，3 億 t 程度が廃棄物となる。しかし，わが国には国土

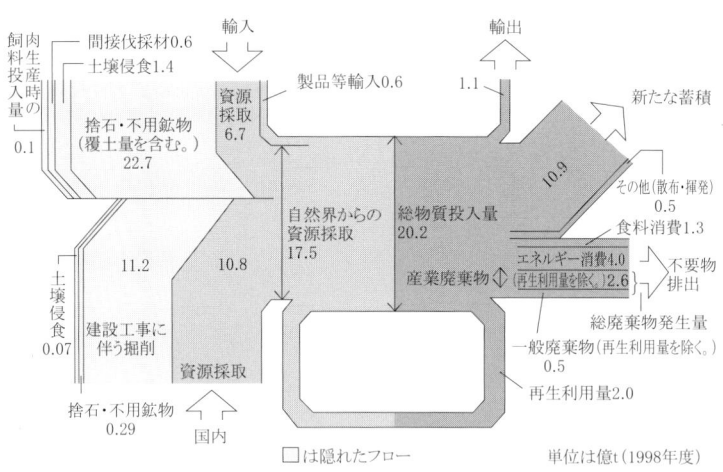

図 4.1.　日本の総物質収支（出典：環境省の試算（1999））

の余裕がなく，埋立地（最終処分場）の寿命を延長するために可燃廃棄物の多くを焼却処理し，減容化している。一方，焼却による大量の排ガス発生，その浄化に必要な新たな資源とエネルギーは新たな問題をもたらしている。**図4.2，4.3**に一般および産業廃棄物の最終処分場残余容量と残余年数の推移を示す。

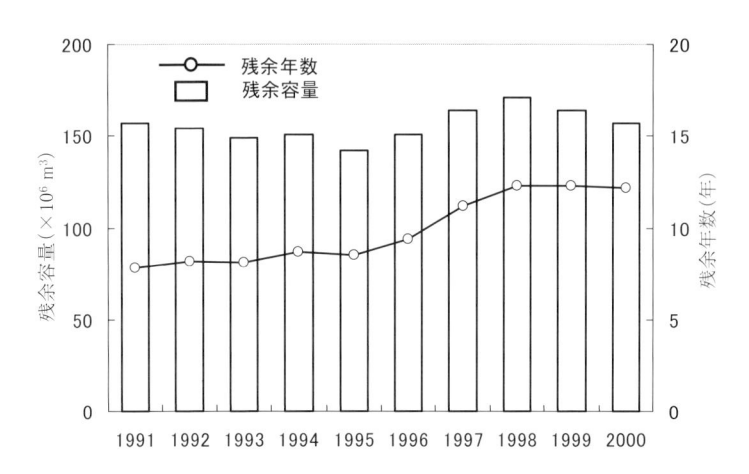

図 4.2. 一般廃棄物最終処分場の残余容量および残余年数（出典：環境省の統計値）

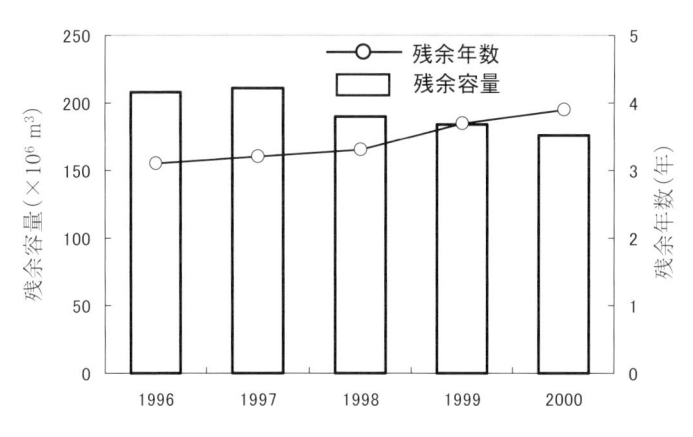

図 4.3. 産業廃棄物最終処分場の残余容量および残余年数（出典：環境省の統計値）

図 4.1 には再生利用のフローも示されており，その合計は年間約 2 億 t に達する。最近は，牛乳パック，発泡スチロールトレイ，ペットボトル等の分別回収が常識となり，各所で盛んに行われている。素材のリサイクルは，理想的には，「資源→製品→廃棄物」の一方的な物質の流れに対して「廃棄物→資源」の流れを導入することにより，廃棄物量を相対的に減少させるシステムと位置付けることができる。ただし，多くの場合，素材のリサイクル過程においても他の素材やエネルギー，空気，水など新たな資源を必要とし，したがって，新たな廃棄物発生や環境負荷が伴う。実効ある素材リサイクルシステムを確立するためには，経済的な見地以外に地域や地球規模での環境影響を含む総合的なシステム比較が必要である。

　昨今のリサイクルブームは，素材リサイクル本来の目的と効果を見にくくし，リサイクルそのものを目的としてしまうことによって，負の効果をもたらす危険性も指摘できる。「リサイクル可能」＝「大量に使用可能」ではないことは明らかであり，行政や技術者・科学者の立場ではより深い洞察力が必要である。

4.1　廃棄物の発生と分類

4.1.1　廃棄物の定義と分類

　「廃棄物の処理及び清掃に関する法律」において，廃棄物は「ごみ，粗大ごみ，燃え殻，汚泥，ふん尿，廃油，廃酸，廃アルカリ，動物の死体その他の汚物又は不要物であって，固形状又は液状のもの（放射性物質及びこれによって汚染された物を除く）」と定義されている。つまり，ゼロあるいは負の経済価値を持つ固体や液体のことであるが，その内容と発生量は時代の変遷，経済・社会構造や人間の嗜好の変化，地理的条件などによって対象が大きく変化する。

　わが国では，廃棄物を「産業廃棄物」と「一般廃棄物」に分類している。「産業廃棄物」は，事業活動[*]に伴って発生する廃棄物のうち，燃え殻，汚泥，廃油，廃酸，廃アルカリ，廃プラスチック類など，19 種類に分類される。「一般廃棄

---

[*]　事業活動：ここでは，民間の工場，商店，ビルや建設業など営利目的の事業活動および下水処理や水道事業など公共の事業活動を指す。

物」は産業廃棄物以外の廃棄物であり，主に住民の日常生活で生じた廃棄物（生活ごみ）と事業活動に伴って発生する廃棄物のうち，産業廃棄物に分類されないもの（事業系一般廃棄物）の総称であり，「都市ごみ」と称されることも多い。事業系一般廃棄物の例としては，事務所などから出される紙くずがある。さらに，上記各廃棄物のうち，爆発性，毒性，感染性などを有し，人の健康や生活環境に被害を与えるおそれのあるものは，「特別管理産業廃棄物」および「特別管理一般廃棄物」として区別される。図 4.4 にそれぞれの廃棄物の分類を示す。

コラム 廃棄物の定義見直し？：

2002 年度，環境省は廃棄物の定義や区分の見直し，リサイクルに関係する廃棄物処理業・施設に対する規制合理化，排出者責任の強化を中心とした検討を行った。廃棄物の定義については，「逆有償で引き取った廃棄物をリサイクルする場合にも廃棄物処理業の許可が必要になるということが循環型社会形成の障害となるため，廃棄物の定義からはずす」という提案と，「有価で取引されているものであっても不要物をリサイクルする場合には廃棄物適正処理の観点から廃棄物処理法の対象とする」という意見の間の調整が難しく，廃棄物の定義は従来どおりという結果に落ち着いた。

4.1.2 廃棄物の発生
(1) 年間発生量の推移

図 4.5 にわが国における産業廃棄物の年間発生量の推移を示す。産業廃棄物発生量は年間約 4 億 t でほぼ一定となっている。一方，一般廃棄物の年間発生量の推移を図 4.6 に示す。国民 1 人 1 日あたりの一般廃棄物発生量は約 1.1 kg であり，あまり変化していないものの，人口増加に伴う発生量増加が認められる。2000 年における年間発生量は約 5,240 万 t である。

第 4 章　廃棄物と環境

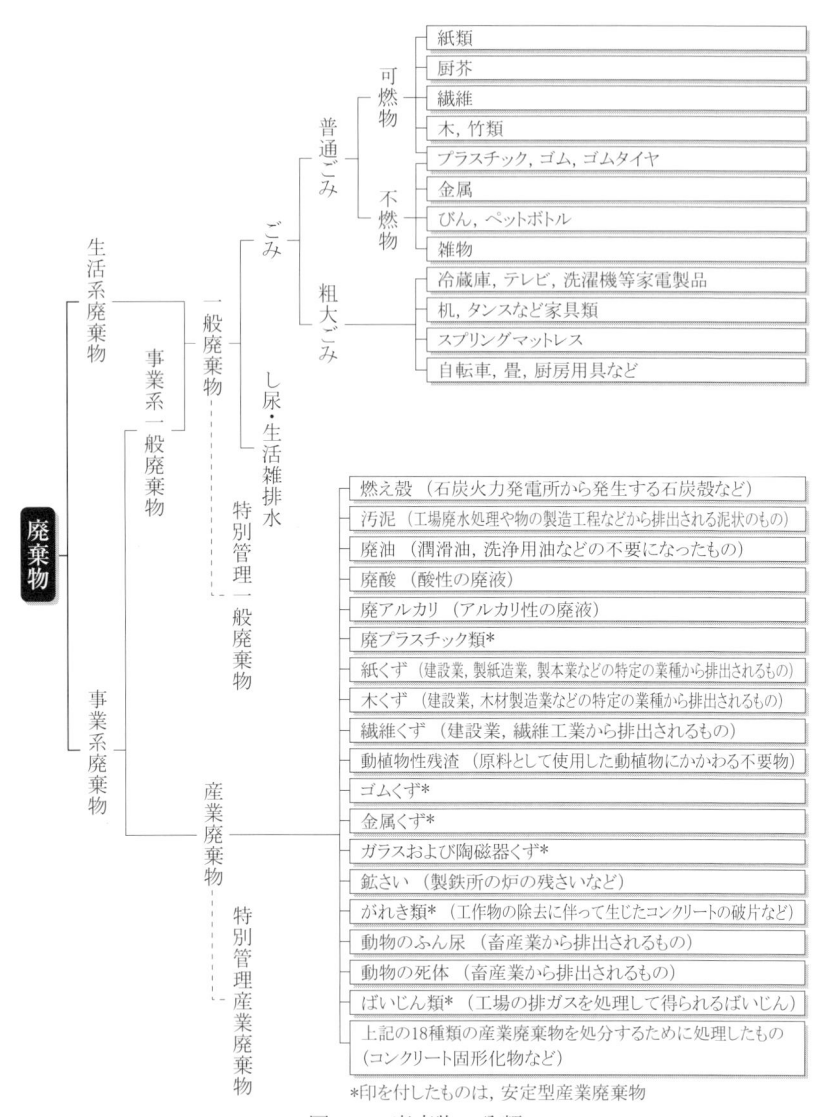

```
                                              ┌ 紙類
                                              ├ 厨芥
                                    ┌ 可燃物 ┤ 繊維
                                    │         ├ 木, 竹類
                          ┌ 普通ごみ┤         └ プラスチック, ゴム, ゴムタイヤ
                          │         │         ┌ 金属
                   ┌ ごみ┤         └ 不燃物 ┤ びん, ペットボトル
                   │      │                   └ 雑物
                   │      │         ┌ 冷蔵庫, テレビ, 洗濯機等家電製品
              一般 │      └ 粗大ごみ┤ 机, タンスなど家具類
              廃棄 │                 ├ スプリングマットレス
  生活系       物   │                 └ 自転車, 畳, 厨房用具など
  廃棄物       ─┤
               │   └ し尿・生活雑排水
               │
               └ 特別管理一般廃棄物
  廃棄物 ─┤
               ┌ 事業系一般廃棄物
               │
  事業系       │                 ┌ 燃え殻 (石炭火力発電所から発生する石炭殻など)
  廃棄物 ─┤                 ├ 汚泥 (工場廃水処理や物の製造工程などから排出される泥状のもの)
               │                 ├ 廃油 (潤滑油, 洗浄用油などの不要になったもの)
               │                 ├ 廃酸 (酸性の廃液)
               │                 ├ 廃アルカリ (アルカリ性の廃液)
               │                 ├ 廃プラスチック類*
               │                 ├ 紙くず (建設業, 製紙産業, 製本業などの特定の業種から排出されるもの)
               │                 ├ 木くず (建設業, 木材製造業などの特定の業種から排出されるもの)
               │                 ├ 繊維くず (建設業, 繊維工業から排出されるもの)
               │                 ├ 動植物性残渣 (原料として使用した動植物にかかわる不要物)
               │                 ├ ゴムくず*
               └ 産業廃棄物 ─┤ 金属くず*
                                 ├ ガラスおよび陶磁器くず*
                                 ├ 鉱さい (製鉄所の炉の残さいなど)
                                 ├ がれき類* (工作物の除去に伴って生じたコンクリートの破片など)
                                 ├ 動物のふん尿 (畜産業から排出されるもの)
                                 ├ 動物の死体 (畜産業から排出されるもの)
                                 ├ ばいじん類* (工場の排ガスを処理して得られるばいじん)
                                 └ 上記の18種類の産業廃棄物を処分するために処理したもの
                                   (コンクリート固形化物など)

                 └ 特別管理産業廃棄物

                   *印を付したものは, 安定型産業廃棄物
```

図 4.4.　廃棄物の分類

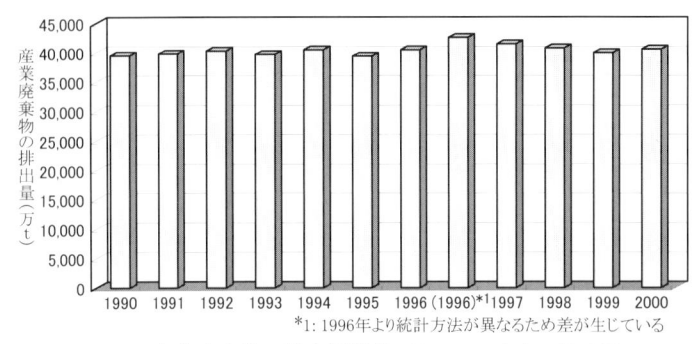

図 4.5. 産業廃棄物の排出量推移（出典：環境省の統計値）

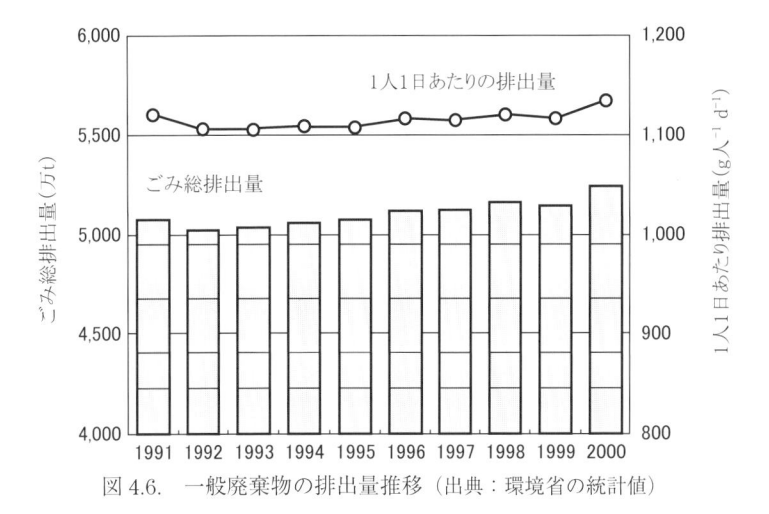

図 4.6. 一般廃棄物の排出量推移（出典：環境省の統計値）

(2) 廃棄物の種類別，産業別，地域別内訳

図 4.7 に産業廃棄物の業種別排出内訳を示す。農業および電気・ガス・熱供給・水道業（下水道業を含む）が約 9 千万 t，ついで建設業（7,600 万 t），パルプ・紙・紙加工品製造業（2,600 万 t），鉄鋼業（2,500 万 t），鉱業（約 1,800 万 t）であり，これら 6 業種で全排出量の約 8 割を占める。図 4.8 に産業廃棄物の種類別内訳を示す。汚泥が約 1 億 9,000 t（46.8％）ともっとも多く，ついで動物のふん尿（9,200 万 t），がれき類（5,600 万 t）であり，これらの 3 種で全排

出量の約8割を占める。地域別には関東地方の排出量が29.4%ともっとも多く，ついで中部地方（15.0%）近畿地方（13.6%），九州地方（12.5%）の順になっている（図4.9）。

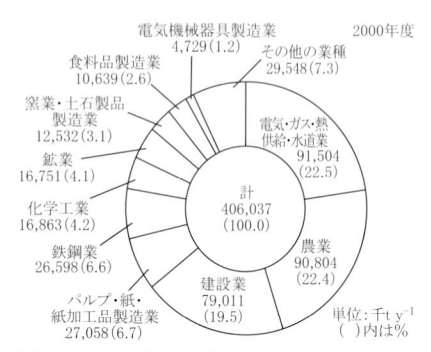

図4.7. 産業廃棄物の業種別排出量（出典：環境省の統計値）

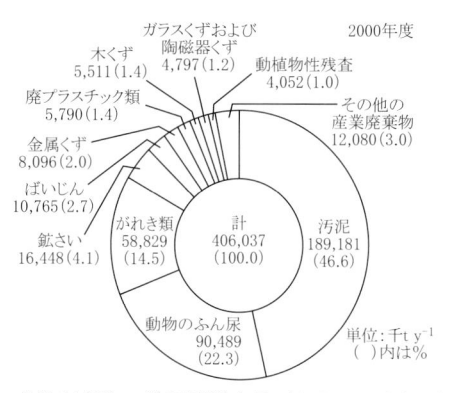

図4.8. 産業廃棄物の種類別排出量（出典：環境省の統計値）

4.1 廃棄物の発生と分類

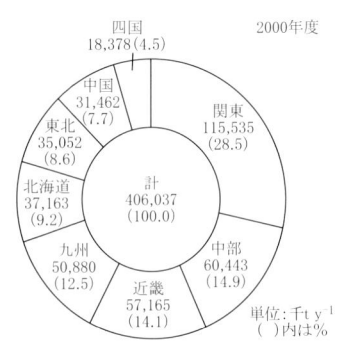

図 4.9. 産業廃棄物の地域別排出量（出典：環境省の統計値）

一方，一般廃棄物を排出形態別に見ると，図 4.10 に示すように生活系が年間 3,400 万 t と約 2/3 を占め，事業系は 1,800 万 t である．横須賀市で行った一般廃棄物中可燃ごみの分類調査結果を図 4.11 に示す．生ごみと紙類が大部分を占め，両者で 87％に達している．

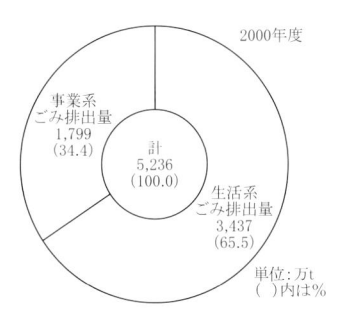

図 4.10. 一般廃棄物における事業系と生活系のごみの排出割合（出典：環境省の統計値）

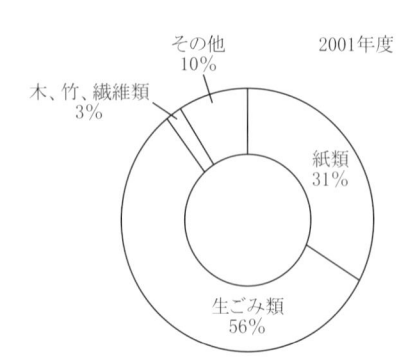

図4.11. 横須賀市における一般廃棄物中可燃ごみの分類調査結果（出典：横須賀市の統計値）

コラム　建設系廃棄物の定義：

家の建設によって発生する木くずや足場に使用される木材等は，一般廃棄物に分類される。一方，家の解体によって発生する廃木材等は，産業廃棄物である。したがって，家の解体と新築が同時に行われた工事現場から混合して排出される場合，従来は一般廃棄物と産業廃棄物両方の処理の許可を受けた業者のみしかこれらを取り扱うことができない等，法律上の取り扱いが複雑であった。このため，1998年に両者ともに産業廃棄物にするための廃棄物処理法の改正が行われた。

4.2　廃棄物の処理・処分技術

図4.12に，産業廃棄物処理の流れの概要を示す。焼却，破砕・選別等により中間処理されたものは約3億t（75%），直接再生利用されたものは約8,000万t（20%），直接最終処分されたものは約2,300万t（6%）である。中間処理された廃棄物は約1億2,600万tに減量化された後，約1億400万tが再生利用され，約2,200万tが埋立処分（最終処分）されている。この結果，産業廃棄物総発生量の45%（約1億8,400万t）が再生利用され，11%（約4,500万t）が最終処分されていることになる。

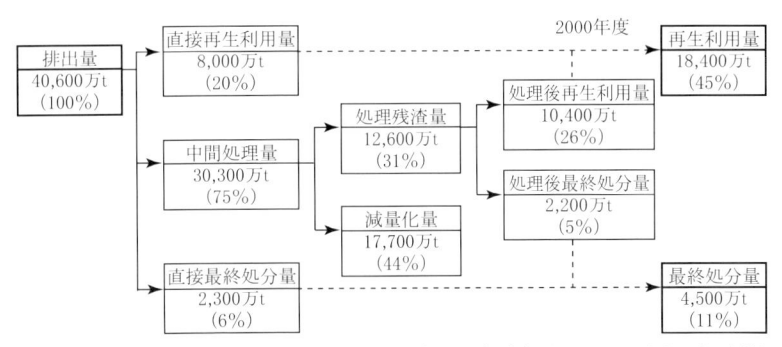

図 4.12. 全国の産業廃棄物の処理フロー（2000 年度）（出典：環境省の統計値）

図 4.13 に一般廃棄物の処理の流れを示す。焼却などの中間処理がなされたものは約 90％であり，直接再生業者等へ搬入されたものと合わせると，全体の約 92.5％になる。そのうち，直接焼却される割合は 78％（約 4,000 万 t）である。中間処理された廃棄物は約 1,000 万 t にまで減量化され，その内 290 万 t が再生利用，740 万 t が埋立処分（最終処分）されている。一方，直接最終処分されたものは，約 5.9％の 310 万 t であり，中間処理後の廃棄物と合わせて，約 1,050 万 t が最終処分されている。最終処分量は国民 1 人 1 日あたりでは 246 g となり，最近は減少の傾向にある。

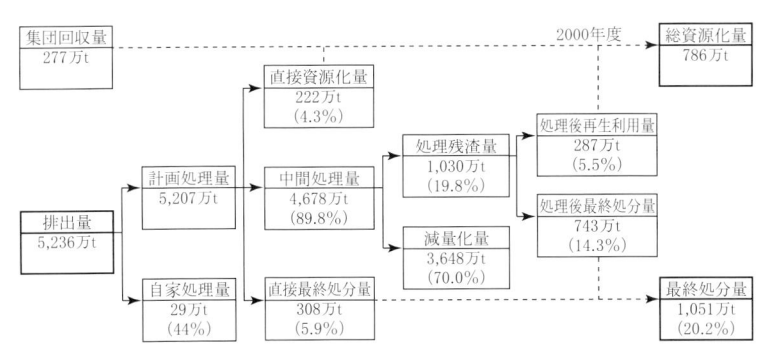

図 4.13. 全国の一般廃棄物の処理フロー（2000 年度）（出典：環境省の統計値）

4.2.1 収集・運搬

一般廃棄物の収集は,自治体により毎週決まった曜日に決まった場所(ステーション方式)で行われる場合が多い。可燃ごみ,不燃ごみ,資源ごみ(ペットボトル,空カン・空ビン,乾電池など),粗大ごみなど,数種類の分別収集が一般的になっている。通常はパッカー車とよばれるごみ収集車を用いて委託業務として行われることが多い。地元の廃棄物焼却施設(クリーンセンターなど),埋立施設(最終処分場),リサイクル施設などへの直接搬入を認めている自治体もあるが,これらは主に有料とされている。近年は一般廃棄物の収集・処理も有料化が進む傾向にある。2000年の統計では,有料化している自治体は生活系ごみの場合78.0%(2,535自治体),事業系ごみの場合87.2%(2,833自治体)にのぼる。粗大ごみ処理の有料化を採用する自治体は多く,可燃ごみや不燃ごみの収集にも,各自治体が指定するごみ袋を購入させる従量制方式が採用される例が多い。ごみ収集の有料化はごみ発生量の抑制に大きな効果があり,指定ごみ袋の1%の価格上昇により0.12%のごみ発生量減少を予測する試算結果もある。資源ごみ回収頻度の増加による効果も期待でき,週1回の増加で1.2%のごみ発生量の減少が見込まれている。これは,資源ごみへの分別が促されるためであるが,最適な回収頻度は人口密集度や生活様式などの周辺環境や回収側からみた効率に依存する。さらに,広報や教育,ごみステーションの配置方法など考慮すべき事項は多い。

産業廃棄物の運搬にかんしては,廃棄物の形態や性質,量などに応じてさまざまな方法が採られる。また,廃棄物の適正処理を促すために,排出者がその適正処理を確認するマニフェスト(産業廃棄物管理票)制度が定められており,4.5.2項で詳しく述べる。

4.2.2 前処理技術

可燃ごみは,とくに予備的処理することなく焼却処理される場合もあるが,自動車や家電など種々の素材が複合化した廃棄物には,解体,破砕,選別などの前処理が必要となる。以下,廃自動車の処理を例に挙げる。

図4.14に自動車のリサイクルフローを示す。まず,再利用可能な部品やバッテリー,混合処理が困難なタイヤ等が取り外され,フロンを使用するエアコン

の場合はフロンを回収し，分解する（2.4節を参照）。また，排ガス浄化に使用される触媒には白金等の貴金属が含まれるため，回収処理される。この他，エアバッグのインフレーターに用いられているアジ化ナトリウムの無害化やエンジンオイル等の抜き取りも必要である。一方，ダッシュボードや内装に用いられているプラスチックは，金属に比較すると効率的なリサイクルが難しい素材である。一般的には，ポリ塩化ビニル（PVC），ABS，ナイロン，ポリエチレン，ポリエステル等多くの種類が使用されており，種類ごとの分別は極めて難しいのが現状である。

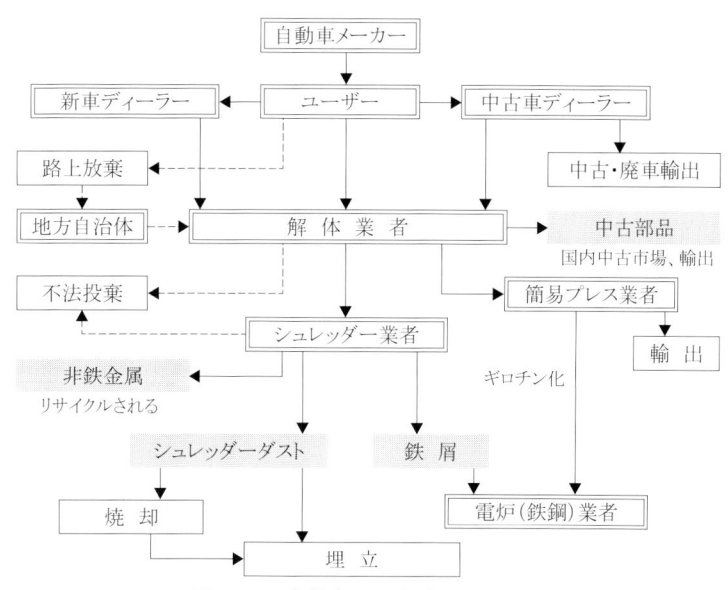

図4.14. 自動車のリサイクルフロー

このように，ある程度の部品等を取り除いた後のスクラップボディーは，シュレッダーとよばれる双ロール式の破砕機により，10 cm程度以下のサイズに破砕処理される。その後，磁選，風力選別，手選別等により，鉄や非鉄金属（銅，アルミニウム等）が回収される。このような回収工程の後に残留するものがシュレッダーダストとよばれる。これは，ウレタンなどのプラスチックを主成分と

して，種々の材料片が混合したものである。シュレッダーダストの再利用は極めて困難とされ，従来その大半は埋立処分されてきた。しかし，プラスチックに含まれる可塑剤やカドミウム，鉛，クロム，水銀等の溶出問題が指摘されており，後述する熱分解－燃焼プロセスなどによる処理が検討されている。シュレッダーダストは廃家電の処理においても発生し，同様にその効率的処理に課題が残っている。

4.2.3 高温処理技術
(1) 焼却技術

焼却は主に生ごみ，紙，木材，プラスチック等の有機廃棄物を燃焼し，減容化するための方法として古くから用いられてきた。その方式は，地面に少し穴を掘っただけのいわゆる野焼きから最新式焼却炉までさまざまであり，また，一般廃棄物は発生した地域の自治体が処理するという施策も影響し，最近まで処理量に応じた種々のサイズの焼却炉が稼動していた。廃棄物焼却は，一般的には衛生的で確立された技術とされ，信頼性が高いうえに，最近は電力や蒸気などによるエネルギー回収も指向されるようになってきた。しかし，1990年代後半に，4.5.1項で述べるような廃棄物焼却に伴うダイオキシン類の発生抑制が指向されるようになり，高温燃焼が難しい小型炉や間欠運転炉は急激に減少している。以下，現在適用されている主な焼却技術を概説する。

　a. ストーカ式焼却炉

ストーカ（stoker）は燃焼物を火格子や火床面（クリップ）で支えながら，下から燃焼用空気を吹き込んで燃焼させる方法である。昇温されて揮発した燃焼性ガスは上部フリーボード部で空気と混合されて反応する。残渣のうち，サイズの微小な煤塵（dust）は排ガスに含まれて移動し，バグフィルターや電気集塵機等で飛灰（fly ash）として捕集される。また，サイズの大きな不燃物は灰として炉底に残り，炉底部より排出される（ボトムアッシュ：bottom ash）。ストーカ方式は紙や木材の処理に適しているが，プラスチックや汚泥処理にも適用できるように改良されたものが実用化されている。図4.15にはストーカ構造の一例を示す。また，図4.16にストーカ炉による廃棄物焼却システム例を示す。可動式ストーカにより，ごみを水平方向に移動させながら燃焼させる方式

であり，燃焼は火炎自身や炉壁からの輻射・燃焼ガスによる対流伝熱によって進行する。燃焼温度はごみのサイズや性質に依存する比較的広い分布を持つ。したがって，乾燥，ガス化，残留炭素の燃焼に対して十分に長い時間をかけた燃焼が必要となる。このため，燃焼用空気の供給速度は比較的小さく，飛灰生成量を抑制可能な利点がある。フリーボード部には二次燃焼用の空気を吹き込み，完全燃焼を図ると同時に排ガス温度を900～1000℃程度に制御する。

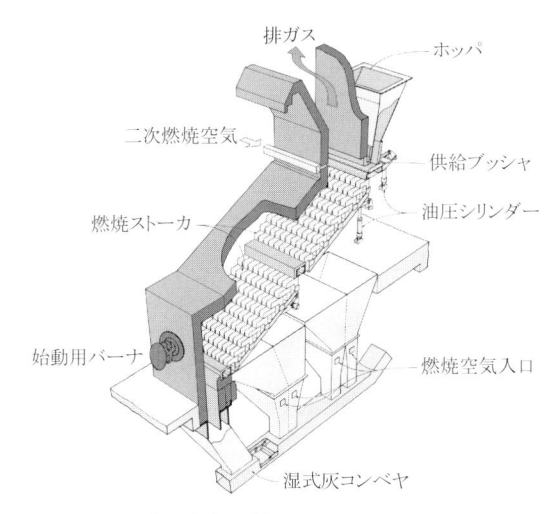

図 4.15. ストーカ式焼却炉の構造例（図版提供：株式会社タクマ）

　この方式では，極めて大きなサイズのごみ以外は破砕などの前処理が不要であり，大規模施設へのスケールアップも容易である。わが国で現在稼動中のシステムでは，1日300tを超える処理能力を持つものも珍しくはない。空気比を抑制し，効率的な燃焼を行うために回転キルン型の前炉を持つ回転ストーカ方式も提案されている。

　高温排ガスの顕熱エネルギーは廃熱ボイラー，燃焼用空気予熱器，温水発生器などで回収される。ただし，排ガス冷却の際のダイオキシン類生成を抑制するため，700～200℃程度の温度領域において水噴射式排ガス急冷装置が用いられる。その後，塩化水素，NOx，SOx等の有害物質を除去し，煙突より大気へ

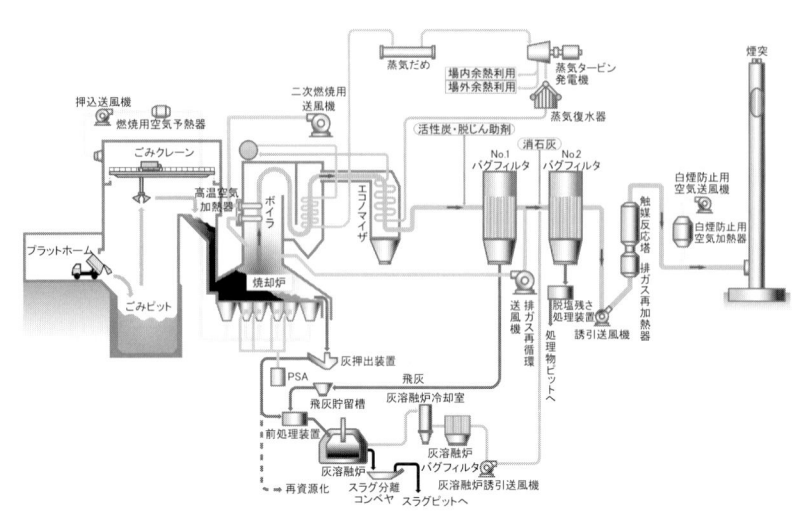

図 4.16. ストーカ式焼却システムの例（図版提供：株式会社荏原製作所）

放出される。

飛灰やボトムアッシュは，埋立により最終処分されるが，塩化物除去，重金属の不溶化，減容化などのため，溶融処理が施される傾向にある。

b.流動床式焼却炉

流動床燃焼は炉下部から空気を分散して吹き込み，粒径数mm以下の粒子層を流動媒体として，ごみを十分に攪拌しながら燃焼を進行させる方式である。流動媒体としては主に硅砂が用いられている。流動媒体が大きな熱容量を持っているため，安定した燃焼が可能であり，ごみ質の差など供給変動に対する許容量が大きい。このため，ストーカ方式では燃焼が難しい高水分や難燃性のごみにも対応可能である。

図 4.17 に流動床式焼却炉の構造例を示す。前処理により，サイズ等を調整したごみは流動層上部から供給され，流動媒体と混合されながら急速昇温される。揮発した燃焼性ガスは流動層内および上部フリーボードで燃焼する。流動層内の温度は，低融点酸化物や塩化物の溶融による大きな塊成体（クリンカ：clinker）の生成を抑制するため，700℃程度以下に制御されるが，フリーボード部には二次燃焼空気が吹き込まれ，900℃程度で可燃性ガスの完全燃焼を図る。流動

層の温度制御や均一化を積極的に行うための伝熱管等を備える設備も開発されている。流動媒体の一部は炉底部より排出され，ボトムアッシュを分離した後，再利用される。排ガスからの熱回収，冷却および有害物質除去，飛灰やボトムアッシュの処理については，ストーカ式焼却プロセスの場合とほぼ同様である。

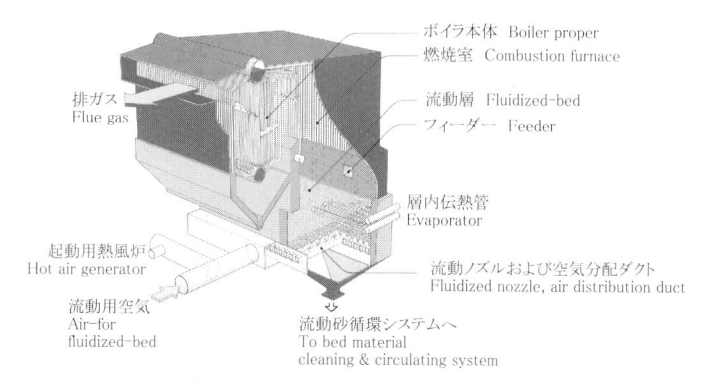

図 4.17. 流動床式焼却炉の構造例（図版提供：株式会社タクマ）

処理対象物質の粒度が小さい下水汚泥処理等においては，循環流動層燃焼方式の焼却システムが採用されている。

(2) 熱分解－ガス化溶融技術

有機物の燃焼においては，温度上昇により，まず水分や低分子炭化水素等の揮発が起こり，可燃性ガスの燃焼が進行する。前述した焼却炉においてもガス化燃焼が進行するが，ここでの「熱分解－ガス化」は燃焼雰囲気を低酸素分圧に制御し，高い熱量を持つガスを積極的に得ようとするものである。同時に，焼却残渣を高温で溶融し，減容化を狙うケースが多い。

廃棄物ガス化プロセスの原型は炭焼きに類似する。原料である薪を蒸し焼き（乾留：carbonization）することにより，揮発分は水蒸気，タール，木酢液等として分離され，残りは主に炭素と不揮発性の灰成分からなる木炭となる。800℃程度の温度下で，不十分な酸素雰囲気（還元性雰囲気）に維持することにより，有機物をタール等の炭化水素と固体炭素質に分離するプロセスである。石炭を

原料としたコークスの製造もまた同様の原理である。

廃棄物ガス化技術の開発は、ごみのエネルギー資源化による脱石油化推進を狙いとして、1970年代に米国で政府の資金援助により開始された。開発された代表的な技術としては、管型炉（Garrat 方式：タールおよび金属の回収）、回転炉（Landgard 方式：蒸気発生、チャー（char）、ガラス、金属の回収）、竪型シャフト炉（Purox 方式および Torrax 方式：金属鉄およびスラグの回収）が挙げられる。いずれも、ごみの一部を燃焼し、その燃焼熱でその他のごみを乾留するものである。しかし、得られたタール等の油には経済性がなく、また、システムが不安定性であったこともあり、継続した操業がなされていない。

一方、欧州では、環境汚染源としてのイメージが強い従来型焼却炉から脱却する目的とも合致して、熱分解－ガス化溶融（pyrolysis-smelting）の開発が進められてきた。このような状況はわが国でも同様であり、焼却灰の無害化、減容化と 1990 年代後半における緊急のダイオキシン類発生抑制対策への要求がその開発を加速させた。現在は、バイオマス（生物燃料資源：biomass）や RDF（廃棄物固形化燃料：4.2.5 項参照）からの効率的なエネルギー回収などに適用するための技術開発も精力的に行われている。

以下、わが国で実用化されている技術について概説する。

a. コークス充填層式ガス化溶融炉

銑鉄製造に使用される製鉄用高炉と同様の原理によるプロセスである（図4.18）。炉の本体は耐火物でコーティングしたシャフトであり、燃焼用空気は炉下部の側面から吹き込まれ、燃焼により高温となったガスは充填層内で熱交換されながら炉内を上昇する。燃焼効率上昇と排ガス量低減を目的として酸素付加を適用する場合もある。ごみは、燃料となるコークスと焼却灰の融点制御に使用する石灰石とともに炉頂から投入される。炉内の充填層は、上層より乾燥・予熱帯、熱分解・ガス化帯、燃焼・溶融帯におおまかに分類することができ、装入物は炉内をゆっくり下降しながら次第に高温になる。可燃物が燃焼した後、焼却灰は石灰成分とともに溶融し、酸化物系の溶融スラグを形成する。この時点での温度は最高 1800℃に達する。また、炉底部は還元性が高く、鉄や銅等は溶融金属相に還元される。通常、これらは溶融状態で排出され、多量の水で急冷粉砕した後、磁選などで金属粒子を分離する。

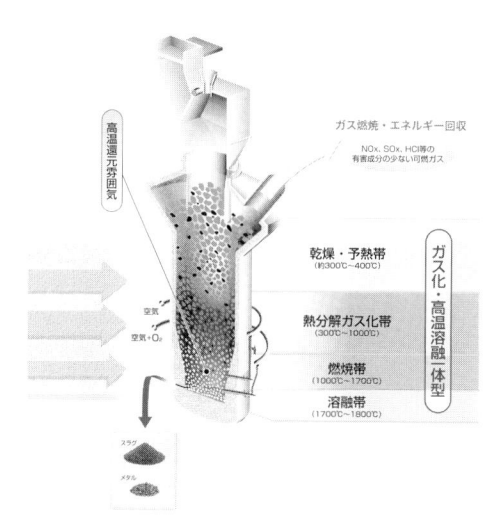

図4.18. コークス充填層式ガス化溶融炉の概要（図版提供：新日本製鐵株式会社）

　以上のように，この方式は厳密な意味での熱分解‐ガス化溶融プロセスではなく，一つの反応容器内でこれらを制御しながら実現していると見なすことができる。充填層タイプの反応器では，層の通気性が反応の均一性に大きな影響を及ぼすことが多いが，この方式では粒径を制御したコークスを装入しているため，通気性の確保が容易であり，その燃焼熱によって低熱量のごみや無機物なども安定して溶融処理が可能である利点を有する。

　排ガス顕熱は上層において，ごみやコークスの予熱に用いられる。また，排ガスに含まれる可燃性ガスは二次燃焼した後，蒸気などの形でエネルギー回収を行う。排ガスの浄化は焼却炉の場合と同様である。

　b.流動床式ガス化溶融炉

　まず，比較的低温（500〜600℃程度）の流動床を用いて廃棄物の熱分解・ガス化を行い，生成した未燃炭素粒子（char）や飛灰を可燃性熱分解ガスとともに高温の溶融炉に導入して燃焼，溶融するシステムである。プロセス例を図4.19に示す。ごみは流動床上部から装入され，不燃残渣は炉下部から排出される。溶融炉では旋回流により生成ガスが均一に燃焼し，1300〜1400℃の高温になる。これにより，飛灰は溶融凝集してスラグとなり，溶融炉下部より排出さ

れる。スラグには金属が少ないため，直接水冷により微粒化される。これは，コンクリートや土木資材としての利用が進められている。また，熱分解残渣は金属類を回収した後，最終処分される。

この方式は，ガス化炉内の酸素分圧が低く，低温であるため，金属類の酸化が起こりにくい特徴がある。また，予備乾燥処理等を行うことによって，ごみの燃焼熱のみによる自己溶融システムにすることが可能とされている。

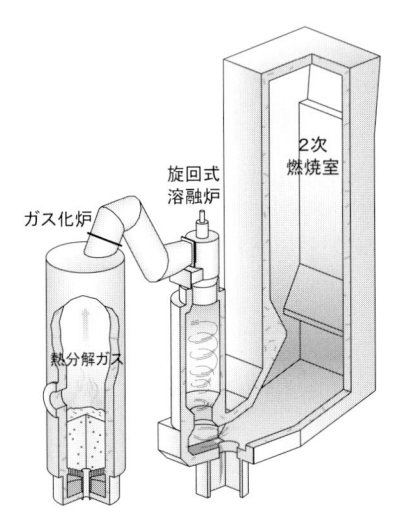

図 4.19. 流動床式ガス化溶融炉の構造例（図版提供：日立造船株式会社）

c. キルン式ガス化溶融炉

ロータリーキルン式のガス化炉と旋回式溶融炉によるシステム例を図 4.20 に示す。ごみはガス化炉内でにおいて 450～550℃の低温，低酸素分圧条件下で可燃性熱分解ガスと熱分解残渣（主に炭化物）に分離される。熱分解ガスはガス化炉の加熱用燃料として，また，熱分解残渣は金属類を回収した後に，溶融炉の燃料として利用される。飛灰や熱分解残渣から発生する灰は，溶融炉内の高温条件（1300～1400℃）で溶融し，スラグ化する。

流動層ガス化方式と同様，金属類の酸化進行が少ない，自己燃焼システム化が可能などの特徴がある。

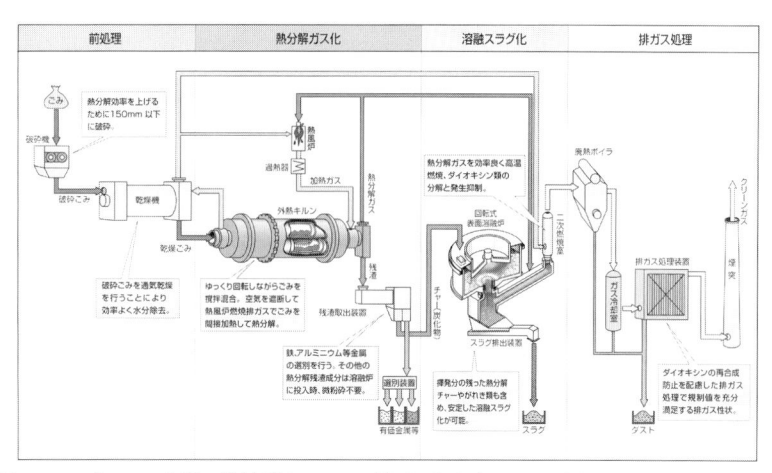

図 4.20. キルン式ガス化溶融システム例（図版提供：石川島播磨重工業株式会社）

d. シャフト炉式ガス化溶融炉

酸素を吹き込み，竪型炉の内部を 1500℃ 以上の高温にして，熱分解と不燃物の溶融を同時に行う方法である。ガス化溶融炉の概念を図 4.21 に示す。ごみは炉腹部からシリンダーにより圧密された状態で投入され，高温に保持された炉内で一気にガス化される。上部および炉下部のランスより高濃度の酸素が導入されるため，コークス等助燃剤がなくても燃焼温度を高温に保持でき，また，吹き込みガス中の酸素濃度変化による炉温制御も可能である。他の可燃物と混合することで，飛灰や汚染土壌等の処理へ適用することも考えられる。生成した高温ガスは熱量が高いため，ダイオキシン類等の生成防止のため急冷された後，ガス洗浄などを行うことにより，発電などに使用することが可能である。

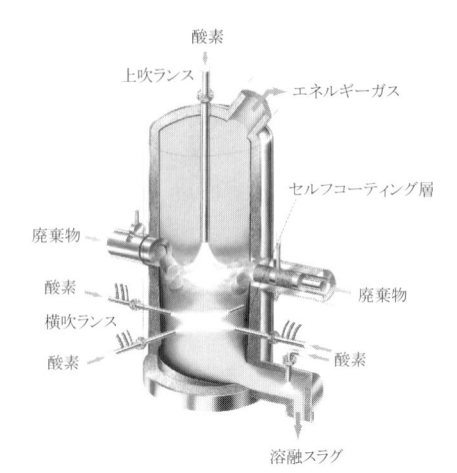

図 4.21. シャフト炉式ガス化溶融炉の概念図（図版提供：住友金属工業株式会社）

e.サーモセレクト式ガス化溶融炉

ごみを圧縮しつつ加熱してガス化するとともに，熱分解残渣を竪型燃焼炉と下部スラグ均質化炉からなる溶融炉の炉腹部より装入し，燃焼する方式である（図 4.22）。炉に純酸素を吹き込むことにより，熱分解残渣は 1600℃ 程度の高温で燃焼し，不燃物が溶融してスラグ化する。同時に金属類も溶融し，溶融メタルとして分離・回収される。燃焼炉上部のフリーボードでは未燃焼物質の反応が促進され，ガスの改質が行われる。生成ガスは急冷され，精製して燃料や化学原料として使用される。排ガス急冷時に発生する排水からの塩化物や金属水酸化物の回収も試みられている。また，この方式では，当初排ガスのための煙突がないというユニークな特徴が注目を集めたが，操業が緊急停止した場合などに使用される，放散塔（緊急燃焼室）からのガス放出などの問題が指摘され，最近は煙突を備えるケースもある。

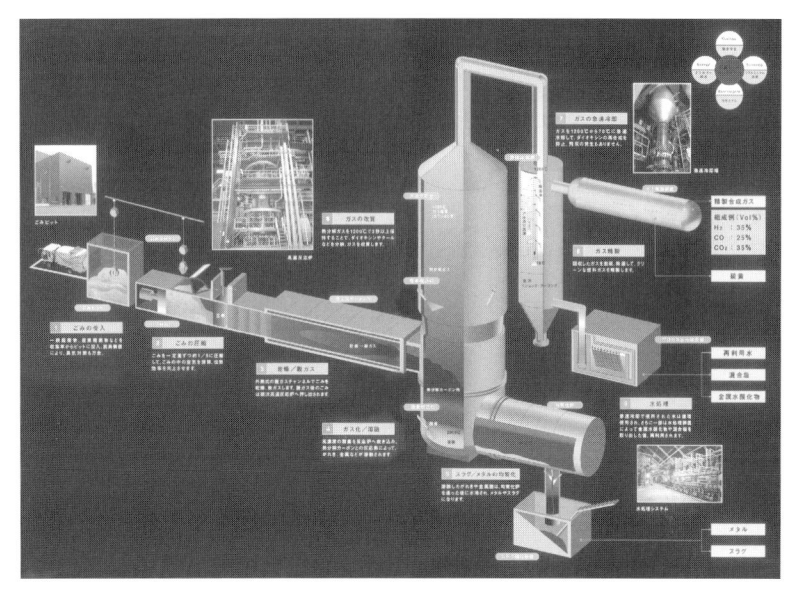

図 4.22. サーモセレクト式ガス化溶融炉のシステム概要（図版提供：JEF エンジニアリング株式会社）

(3) 焼却灰の溶融処理

　焼却灰には，廃棄物焼却プロセスから排ガスに含まれて飛散する煤塵を捕集した飛灰と焼却残渣がある。最終的に不燃物を溶融するガス化溶融方式では，焼却残渣は溶融スラグおよび溶融金属となるが，その際に生成する排ガス中からも飛灰が発生する（溶融飛灰）。従来，焼却灰は最終処分場で埋立されてきたが，その残余容量を考慮し，焼却灰のさらなる減容化が望まれてきた。また，廃棄物の焼却灰は，通常，鉛，亜鉛，クロム，カドミウムなど重金属類を含有しており，とくに飛灰中の濃度は高い傾向があるため，1993 年には特別管理廃棄物に指定されている。このような視点より焼却灰を溶融固化し，重金属の溶出を防止（安定化）する技術の開発が行われてきた。

　焼却灰自体に含まれる可燃物が少ないため，溶融温度まで昇温するためには油類やコークス等の燃料や電気のエネルギーが必要となる。燃料を用いる方法では，バーナーの火炎で発生する熱で炉壁を加熱し，その輻射熱で焼却灰を加

熱溶融する方式が採られる。また，コークス充填層に焼却灰を投入し，コークスの燃焼熱を使って溶融する方式もある。電気エネルギーを使用する方法では，炭素電極間のアーク（arc）発生による加熱，溶融スラグ層の電気抵抗加熱，直流プラズマ加熱，低周波誘導加熱など種々の方式が開発されている。溶融したスラグを路盤材やコンクリート骨材など，建設資材として資源化する試みも行われている。この場合，スラグの成分調整，固化する際の冷却速度，粒度調整（粉砕や篩分），粘土など助剤を添加しての再焼成等の処理が必要となる。

　飛灰は1991年に特別管理廃棄物に指定されており，適正処理の徹底が義務付けられている。一般的には，セメント固化法等による処理が行われてきたが，更なる減容化の要求や経年劣化によるひび割れ発生などに起因する重金属類溶出の問題が指摘されている。このため，キレート（chelate）処理による重金属類の安定化技術も実用化されている。数種の有機系キレート剤が開発されており，重金属はこれらに不可逆的に結合し，容易に再分離しないため，最終処分地での安定度が高いとされている。

(4) 溶融飛灰の処理

　溶融飛灰は焼却灰溶融やごみのガス化溶融処理の際に発生した集じんダストである。これらは高温の溶融処理であるため，揮発性の高い物質は溶融飛灰中に移行し，濃縮される。具体的には，塩素，カリウム，ナトリウム，亜鉛などであり，鉛やカドミウムなど毒性を持つ物質も濃縮率が高い。これらの物質を回収，除去する試みも行われており，例えば溶融飛灰を水洗してアルカリ金属塩（KCl, NaClなど）を溶出し，残渣を非鉄製錬原料として利用（山元還元）することが検討されている。

4.2.4　生物学的処理

　図4.23に生ごみや生物系廃棄物の排出量を示す。生物系廃棄物は有機物を多く含有するため，可燃廃棄物として取り扱われる場合もあるが，水分含有量が多く，細胞膜の影響により脱水・乾燥が困難で，エネルギーコストも高いことから，古くから農地への直接還元やコンポスト（compost: 堆肥）化などによる循環利用が行われてきた。さらに，2001年には食品リサイクル法が施行され，

食品に由来する廃棄物の発生抑制，減量化，再生利用が推進されている．また，難分解性化学物質の生分解やバイオリアクターによる生物浄化技術等，微生物の物質変換機能を積極的に利用する方法も開発されている．生物系廃棄物の処理においては，いろいろな過程で微生物が影響を与えるが，ここでは混合廃棄物が処理可能なコンポスト化とメタン発酵法について概説する．

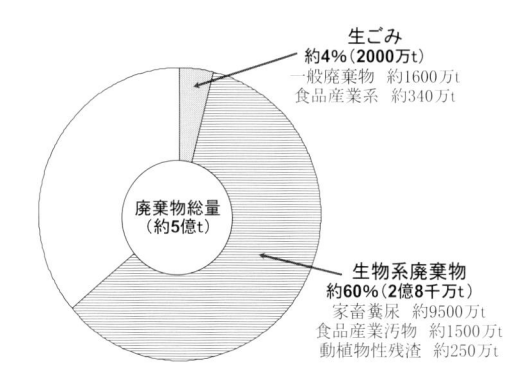

```
生ごみ
約4%（2000万t）
 一般廃棄物 約1600万t
 食品産業系 約340万t

廃棄物総量
（約5億t）

生物系廃棄物
約60%（2億8千万t）
 家畜糞尿 約9500万t
 食品産業汚物 約1500万t
 動植物性残渣 約250万t
```

図 4.23．廃棄物総量における生物系廃棄物の割合（出典：環境省の統計値）

(1) コンポスト化（堆肥化）

コンポスト化処理は，有機物を微生物によって分解し，肥料や土壌改良材に変換する技術であり，生ごみ，木質廃棄物，畜産廃棄物等の処理過程に適用される．有機物の分解は，通常，好気性条件で行われるため，廃棄物の堆積物中に空隙を持たせて通気を良くする工夫が必要である．したがって，家畜の糞尿のように，液状やスラリー（slurry）状の廃棄物処理では，わら，籾殻，おがくずなどの固形物を混合する．これは，肥料として窒素や燐等の成分バランスをとるためにも重要である．生分解中は均一性と通気性の保持のため，堆積物の切り返しや攪拌が必要となる．また，水分含有量が多い廃棄物では，事前の脱水・乾燥のための効率的な加熱技術も重要である．

食品業および家庭で発生した生ゴミについては，一定温度に加熱して，水分除去と分解を促進する処理機が市販されている．ただし，生ごみ処理機のなかには微生物の作用で有機物を CO_2 と H_2O まで分解するものや，生物学的処理に

よらず加熱乾燥処理により減容化のみを行うものも含まれる。

(2) メタン発酵法

メタン発酵法は当初，下水処理施設で発生する汚泥の減量を目的に実用化され，その後副生するメタン系ガスを代替化石燃料として利用する方向へと発展してきた。わが国では戦後，し尿や高濃度有機排水の処理方法としても適用されたが，これは排水基準強化に伴い，コンポスト化処理と同様に好気性雰囲気処理を指向する傾向に変化している。一方，メタン発酵細菌担体の固定化技術の進歩や供給の低コスト化も進んでおり，この方法を利用する試みが活発になってきている。また，高効率化のため高温（～60℃），高濃度発酵法も検討されている。

メタン発酵の過程では，まず，多種類の通性嫌気性細菌，偏性嫌気性細菌の関与によって，有機物が加水分解，発酵され，酢酸等に分解される。さらにメタン生成細菌が作用することによりメタンガスが発生する。この場合の律速段階は加水分解段階とされており，有機基質の可溶化が重要と考えられている。可溶化のために，オートクレーブ処理，超音波解砕処理，湿式粉砕・選別処理等の予備処理方法が検討されている。また，生成したメタンガスを直接燃焼させて利用するのみでなく，水素源などへ高度利用するための技術開発も盛んである。また，発酵残渣をコンポストとして安定利用するための技術も検討されている。

4.2.5 RDF 処理

廃棄物の焼却およびガス化溶融処理技術においては，排ガスが持つ顕熱や化学エネルギーを発電や地域熱供給等に有効利用することが指向されている。これ対し，紙やプラスチックなどの可燃ごみを固形化処理し，燃焼性の良い燃料に転換する技術も生まれている。これは，RDF（Refuse derived Fuel：廃棄物固形化燃料）とよばれ，発電用燃料や公共施設の冷暖房，ロードヒーティングおよびセメント焼成等の産業エネルギー用途にも利用される。

図 4.24 に RDF 製造プロセスの一例を示す。基本的に，まず，ごみのなかの粗大物を破砕・乾燥し，金属等不燃物を除去した後，圧縮形成するものである。

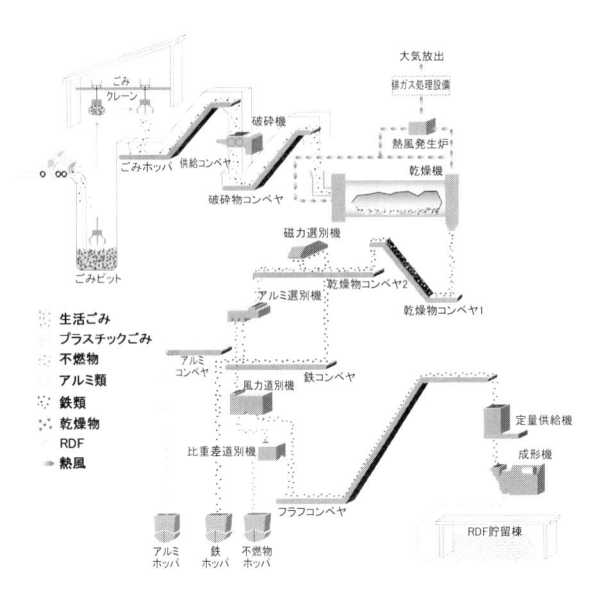

図 4.24. RDF 製造プロセスの例（図版提供：株式会社タクマ）

図 4.25. RDF の概観例（写真提供：株式会社タクマ）

通常，図 4.25 に示すような直径 10～20 mm 程度の円柱状燃料に加工される。発熱量はプラスチックの含有量等で大きく変化するが，通常 12,000～25,000 kJ kg^{-1} 程度と高く，高温燃焼が可能である．輸送や保管のためにハンドリングが容易，崩壊しにくい，腐敗しにくい，嵩密度が高い等の性質が要求される．

一方，予備的な分別が不完全であれば，RDF にも塩化ビニルや金属塩化物，揮発性の高い金属化合物が混入する可能性もあり，このような場合は燃焼時の

排ガス成分に対して注意が必要である。HCl など燃焼時の酸性有害ガス発生を低減するために，消石灰等の添加剤を加える場合がある。一般的には，排出元の明確な産業および事業系廃棄物や分別回収したプラスチックや紙，剪定枝等，他のごみが混入しないものを対象としている。

4.2.6 最終処分

廃棄物を直接，あるいは焼却などの中間処理を施した後，埋立することを最終処分という。最終処分場には，安定型，管理型，遮断型があり，それぞれ対象とする廃棄物の種類が異なる。表 4.1 に各処分場の概略と対象となる廃棄物の種類をまとめる。

前述したように，わが国の最終処分容量は限られており（図 4.3 参照），少しでもその寿命を延ばすために，近年は最終処分される対象を焼却灰や不燃物主体のものに限定する傾向にある。また，最終処分場からの浸出水の水質には，廃棄物や埋立工法の種類が大きく影響し，また経年変化も大きい。

可燃ごみの場合は，浸出水からの BOD（Biological Oxygen Demand: 生化学

表 4.1　最終処分場の分類と対象廃棄物

最終処分場の分類	概略	廃棄物の種類
安定型最終処分場	廃棄物の飛散および流出を防止する構造を持ち，安定した生活環境上支障を及ぼす恐れの少ない安定型廃棄物が対象	廃プラスチック類，ゴムくず，金属くず，ガラス・陶磁器くず，建設廃材等
管理型最終処分場	浸出水による地下水汚染等を防止するため，シート等で遮水対策を行う。浸出水の集中処理設備を有し，有害物質を除去した後に放流可能	遮断型処分場，または安定型処分場の対象廃棄物以外のものが対象（紙くず，木くず，繊維くず，動植物性残渣等）
遮断型最終処分場	周囲をコンクリートなどで固め，雨水等の浸入を防ぐため，覆いを設けて，有害物質の外界への浸出や飛散を遮断可能な処分場	有害物質（水銀，カドミウム，鉛，有機リン，六価クロム，ヒ素，シアン，PCB，セレン）を含有する焼却灰，汚泥等

的酸素要求量），COD（Chemical Oxygen Demand：化学的酸素要求量），SS（Suspended Solids：浮遊懸濁物質），アンモニア性窒素などの除去が重要である。一方，焼却灰や不燃物主体の場合は，焼却時に発生したHCl除去を目的とした消石灰の使用により，重金属類の塩化物や酸化物，難分解性有機化合物等も含有される。これらの浸出水処理においては高度な複合化処理技術が不可欠であり，周辺の地質構造，気象条件，処理水の放流先の状況なども総合的に考慮したうえで，システムの構築を行うことが必要である。

BOD，CODなど有機懸濁物質の除去には生物処理技術が多く用いられる。従来は浮遊法に分類される活性汚泥法が主流であったが，広範囲な懸濁負荷変化に対応できるように，接触ばっ気法，回転円板法などの付着型生物膜法や担体法など生物固定化法が用いられるようになった。

重金属類の除去技術としては，凝集沈殿法，フェライト（ferrite）法，キレート（chelate）樹脂法がある。これらの方法の処理原理を表4.2に示す。凝集沈殿操作で除去しきれなかった微細な沈殿物は，ろ過用の砂の粒径を変えた複合充填層ろ過法，活性炭吸着処理法などによって除去される。

不燃物主体の埋立地においても有機物が混入している場合は，その分解によってガスが発生する。とくにごみ層内が嫌気性状態になっている場合は，可燃性ガスが発生する可能性が強い。したがって，適当な区画ごとに発生ガスを測定することが望ましい。主な発生ガスはCH_4，CO_2，NH_3であり，微量ではあ

表4.2 浸出水からの重金属類除去法の比較

処理方法	凝集沈殿法		フェライト法	キレート樹脂法
	水酸化物法	硫化ソーダ法		
処理原理	排水をアルカリ性にして，重金属を水に不溶な水酸化物にし，凝集剤を用いて沈殿分離する	重金属と硫化ソーダを反応させ，水に不溶な硫化物にし，凝集剤を用いて沈殿分離する	排水の温度を70℃とし，硫酸第1鉄を添加したうえでアルカリ性にして反応させ，水に不溶なフェライトを生成させ，磁気分離する	イオン交換の原理でキレート系吸着剤の官能基に排水中の重金属類をキレート結合させて除去する

るが H_2S, $(CH_3)_2S$（硫化メチル），CH_3SH（メチルメルカプタン）が検出される場合がある。これらが高濃度で発生する場合には，臭気の問題の他，火災や爆発の危険性もあるため，ガス抜き処置等が必要となる。

最終処分場は一見，「物質の墓場」という存在であるが，人間の生活維持には不可欠な施設である。また，将来的には埋立られた廃棄物を再度資源として利用することも考えられ，今後は再資源化のための原料備蓄施設へと変化していく可能性も指摘できる。そのためには，将来の資源化技術の発展を精度良く予測し，効率的な廃棄物分類や埋立計画，埋立処分後の管理などを積極的に行っていく必要がある。

コラム　不法投棄（豊島問題）：

香川県の豊島は小豆島の西方 3.7 km にある瀬戸内海東部に位置し，面積 14.6 km^2，周囲 20 km に満たない小さな島である。人口約 1500 人のこの島で，1977 年から 1988 年に産業廃棄物処理業者が検挙されるまでの約 12 年間に，60 万 t に及ぶ自動車，家電のシュレッダーダスト等の廃棄物が不法投棄された。当初，業者は産業廃棄物を「みみずを利用し，土壌改良剤化して処分する」という申請を行っていたが，同時に「金属等の廃品回収を行う」として，搬入し続けていたシュレッダーダストや油を「金属回収のための原材料」と説明した。実際はそれらの廃棄物を混合し，大量に野焼きしていたため，多量の汚水流出や土壌のダイオキシン類や重金属による汚染を引き起こした。住民らは，1993 年に公害紛争処理法に基づいて，不法投棄した業者，香川県，廃棄物の排出事業者等に対し，廃棄物の完全撤廃を求める公害調停を申請した。1997 年，県が主体となり廃棄物と汚染土壌を無害化処理し，原状回復を目指すことで中間合意がなされ，現在は汚水や土砂の流失を防止するための工事がなされ，溶融処理を中心とした放置廃棄物の処理施設が建設された。2003 年に稼動を開始したが，すべての廃棄物を処理するためには約 10 年を要すると見積もられている。

4.3　資源再生・リサイクル

2000 年に公布された循環型社会形成推進基本法では，循環型社会は「廃棄物等の発生抑制，循環資源の循環的利用および適正処分の確保によって，天然資源の消費抑制と環境負荷低減が可能なかぎり実現される社会」と説明されている。また，廃棄物のなかで有用なものを「循環資源」と位置付けると同時に，循環型社会の実現のために実行すべき対策を，廃棄物の 1. 発生抑制，2. 再使

用，3. 再生利用，4. 熱回収，5. 適正処分　と順位付けした。さらに，製品が廃棄物になった後まで生産者が一定の責任を負う「拡大生産者責任」の原則を確立し，マニフェスト制度の強化につながっている。

また，同年の資源有効利用促進法では，廃棄物発生抑制（reduce），製品・部品としての再使用（reuse），素材原料としての再利用（recycle）を総合的して推進することを定めている。これに関連して，容器包装リサイクル法（1995年施行，2000年改正），家電リサイクル法（2001年施行），建設リサイクル法（2002年施行），食品リサイクル法（2001年施行），自動車リサイクル法（2002年成立）と使用済み製品の循環利用，廃棄物の再資源化促進のための多くの法律が成立，施行されている。

ここでは，資源リサイクルの本質を基礎的に理解することを目的とする。

4.3.1　循環型社会
(1) リサイクルの必要性

人類が実質的に利用可能な地下資源は，地球の高々0.4 mass%（あるいは0.8 vol%）に過ぎない地殻表層部に存在する物質のそのまたごく一部である。地殻中の元素の存在割合（ppm単位）は，クラーク（F. W. Clarke）が1924年に発表した値（地表10マイルまでの存在割合（水圏を含む））が著名であり，クラーク数という通称でよばれることが多い。表4.3に地殻および宇宙における元素の存在割合を示す。世界で年間10万t以上生産されるいわゆるベースメタルとよばれる金属においても，アルミニウムと鉄以外は存在割合が少なく，錫や鉛に至っては，強力な磁石の一成分として用いられているネオジウム以下である。このように，元素使用量と地殻中存在率に単純な関係はない。

一方，地殻中の元素存在量の観点から単純計算すると，人類が利用する各資源の寿命はほぼ無尽蔵と思われる。しかし，人類が実際に使用可能な資源量は極めて限られている。ある資源の確認埋蔵量を年間使用（生産）量で割った値を，その資源の静的耐用年数とよぶ。年間使用量，確認埋蔵量のいずれも年々変化するため，静的耐用年数は単純に減少することはない。その典型は石油資源である。オイルショック前後の1960, 70年代には30年以下の資源量しかないとされていた。その後，大規模な油田の発見は北海油田ぐらいであり，石油

表 4.3　地殻および宇宙における元素の存在割合

原子番号	元素	地殻中存在率（重量 ppm）	（順番）	宇宙存在率（重量 ppm）
8	酸素（O）	464000	（ 1 ）	10600
14	珪素（Si）	281500	（ 2 ）	780
13	アルミニウム（Al）	82300	（ 3 ）	65
26	鉄（Fe）	56300	（ 4 ）	1400
20	カルシウム（Ca）	41500	（ 5 ）	80
11	ナトリウム（Na）	23600	（ 6 ）	4
12	マグネシウム（Mg）	23300	（ 7 ）	680
19	カリウム（K）	20900	（ 8 ）	4
22	チタン（Ti）	5700	（ 9 ）	3
1	水素（H）	1400	（10）	730000
6	炭素（C）	200	（17）	4600
17	塩素（Cl）	130	（20）	6
28	ニッケル（Ni）	75	（22）	70
30	亜鉛（Zn）	70	（23）	2
29	銅（Cu）	55	（25）	0.5
60	ネオジウム（Nd）	28	（28）	0.003
82	鉛（Pb）	13	（35）	0.01
50	錫（Sn）	2	（47）	0.01

の年間生産量（消費量）は増加しているにもかかわらず，静的耐用年数はほぼ一定値で推移し，現在は若干の増加も認められる（図 4.26 参照）。これは，採油技術の進歩による原油回収率の上昇や，原油価格の安定化などを目的とした政治的背景の影響によると考えられる。

図 4.26 には主な金属資源の静的耐用年数の推移を示している。単純な減少を示すものは少なく，石油と同様に生産量増加に見合う確認埋蔵量の追加と同時に，各金属の需給バランスに基づく経済的影響が強く反映されていることを示唆する。これに対して，鉄資源は 1970 年代の約 240 年から急激な減少を続けている。地殻中の質量割合がアルミニウムに次いで 4 番目と多く，ほとんどの地層で主要鉱物を形成する鉄の資源的寿命が，石油やニッケル資源と拮抗する

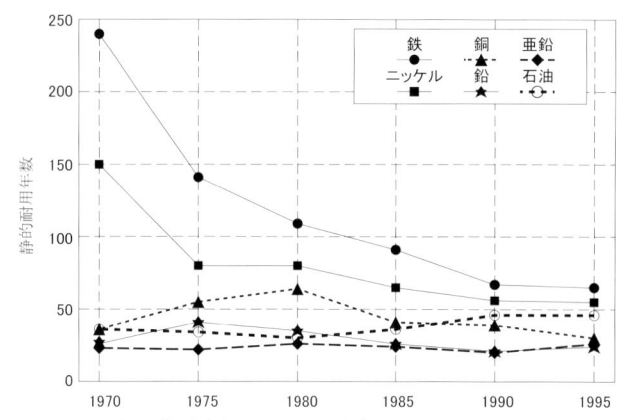

図4.26. 主な金属資源および石油資源の静的耐用年数の変化

ことは常識的には考えられない．これには，以下のような技術および経済的な要因が大きく影響している．

鉄鋼の現在の価格は大量生産と極限的な高効率技術を反映して，極めて低いものとなっている．これを可能としている理由の一つが，鉄濃度65％程度という高純度鉄鉱石の使用である．鉄鉱石は他の金属資源に比べて高純度かつ大規模に存在しており，高純度鉱石の多量使用を可能にしてきた．しかし，オーストラリアやブラジルなどに存在する大型鉱床が枯渇しつつあることで，近年，鉄の静的耐用年数が減少している．ここで，使用できる鉄鉱石中の鉄の濃度が10％低下することを考えてみる．これにより，製錬過程で生成するスラグ量が約4倍となり，大幅な燃料増加，生産率低下を引き起こし，必然的に鉄鋼製品価格の大幅な上昇を招く．したがって，現在は鉄濃度が50％程度以下のものは鉄資源とみなされず，確認埋蔵量にも考慮されていない．このことは，裏返せば，鉄鋼製品の価格が多少上昇しても良いのであれば，鉄純度が低い劣質鉱石を使いこなす技術開発は比較的容易であり，結果的に鉄資源埋蔵量は大幅に増加することを意味する．

このように，資源量は需給バランス等に基づく価格変化と生産技術の進歩と深く関連しており，国際的な資源偏在に伴う問題を除けば，近未来的には悲観的要素は少ない．しかし，社会的影響が強い問題であるのにもかかわらず，長

期的に信頼できる予測を行うことは難しい。

　近未来的にはリサイクルの必要性を直接，金属等の素材資源の枯渇に対応させることが難しいとすれば，他にどのような要素がリサイクル推進の駆動力になるのか，以下に整理する。

　①エネルギー資源の枯渇：前述したように，石油資源の静的耐用年数は急激な減少傾向を示していない。石炭や天然ガスなどを含めた化石燃料資源量は100年を超える静的耐用年数があり，それらの消費に伴う環境問題の懸念に比較して重要度は小さい可能性が大きい。

　②最終処分場の不足：最終処分場の新設は近年，極めて難しくなっており，現存する処分場の残余容量が小さい地域も少なくない。したがって，地域性はあるものの，最終処分の不足はリサイクルの大きな駆動力になり得ると考えられる。

　③環境問題：地球環境問題のなかでリサイクルに直接関連する可能性があるのが地球温暖化現象（2.3節を参照）である。リサイクルすることによって，同一素材を鉱石などの一次資源（地下資源）から製造する場合より，温室効果ガスの発生量を減少させることができれば，有意といえる。廃棄物焼却に伴うダイオキシン類発生（詳細は4.5.1項を参照）も社会的インパクトの強い問題であり，環境へのダイオキシン類発生量減少につながるリサイクル技術の確立も望まれている。

　④経済的理由：昔から，鉄，銅，アルミニウム等の金属スクラップ，古紙，鉛バッテリー等のリサイクルは行われており，工場内あるいは産業間においてもスクラップやダスト類のリサイクル例は数多い。これらは，経済的に有利であるために従来から行われてきたものである。現状で残されているリサイクルは，コスト上昇が避けられないものが多い。各種のリサイクル法や北欧などで導入，検討されている環境税（炭素税）等の適用で，リサイクルのコスト基準は大きく変化する。

　以上のように，リサイクルの必要性としては，最終処分場の残余年数延長，環境問題への対応，製品コスト低減のためと考えることができ，それらを総合的に判断したシステム構築が重要である。リサイクルを無理やり導入した結果，環境負荷が増大し，逆に廃棄物量が増加することは絶対に避けなければならな

いのは言うまでもない。

(2) リサイクルのレベル

1999年度環境庁報告「今後目指すべき社会像」のなかでは，「環境負荷の少ない循環型の社会」の構築が必要であり，「大量生産，大量消費，大量廃棄型の社会から脱却し，不要なものは作らない，買わない，素材資源はリサイクルする，中古品を活用するといった，循環型の社会への転換」が必要と提言している。いわゆる三つのR（Reduction, Recycle, Reuse）である。Reduction（ごみの減量）とReuse（再利用）は，変化するライフスタイルや経済成長などとの相反もあるが，効率的に実行できれば廃棄物量減少に対して直接的効果がある。

Recycle（リサイクル）の中身については，おおまかにマテリアルリサイクル（Material recycle）とサーマルリサイクル（Thermal recycle）に分けて考えられているが，とくに前者においてのレベルの格差が大きい。一般的に，製品は種々の材料で複合化されており，使用後，各々に完全分離することは一般的に困難である。よって，その再生素材中には必然的に好ましくない不純物が混入したままとなる。鉄鋼スクラップへの銅の混入などがその典型であるが，その結果，以前より性質の劣る素材にしか再生できない場合が多い。全くもと同様の素材に戻すことも技術的には可能であるが，当然，多くのエネルギーや新たな資源を必要とし，より多くの環境負荷をもたらす結果になるため，リサイクルする意義そのものが失われることになる。とくに，低価格素材のリサイクルでは，品質向上（不純物除去・制御）に伴うコストアップは致命的である場合が多い。もちろん，効率的な不純物分離技術開発に対する努力は今も続けられているが，もっとも効率的な方法は，廃棄時に不純物が混入しないように設計して製造された製品と考えられ，このような思想からの材料および製品開発も始まっている。

サーマルリサイクルは有機系廃棄物を焼却する際に発生する燃焼エネルギーの回収と定義できる。物質再生の視点から，一般的にはマテリアルリサイクルより劣る方法として位置付けられる傾向にあるが，組成が複雑でエネルギー回収効率が高い廃棄物に対しては，かなり有効なリサイクル手段になり得る。通常，廃棄物焼却プロセスにおけるエネルギー回収率は低く，発電効率で20%に

も満たない場合が多い。これは，燃料である廃棄物の品質が安定していないこと，塩化水素（HCl）など腐食性ガスを多く含む高温ガスによる設備腐食等の問題に起因する。今後の研究開発により，これら課題を解決することができれば，サーマルリサイクルへの評価が大きく変わる可能性もある。

4.3.2 資源再生・リサイクル技術
(1) 金属のリサイクル

金属は比較的リサイクルしやすい素材といわれる。これは製品中で金属の状態のまま使用されるかぎり，それを再溶解することによって当初の素材に戻すことが容易であるためである。しかし，近年，製品の小型化指向に伴う材料の小型化，薄片化，複合化が進んでおり，効率的なリサイクルが難しい状況になっている。

図 4.27 にわが国における基幹金属の年間使用量とリサイクル量をあわせて示す。年間使用量に対するリサイクル量の割合は，鉄鋼，アルミニウム，銅ともにほぼ40%程度，あるいはそれ以上の高い値を示している。また，これらの金属の発生スクラップ量に対するリサイクル率はいずれもほぼ100%に近い値である。言い換えれば，使用されなくなった製品中の各金属のうち，リサイクル使用が可能なものだけがスクラップとして回収され，再利用が困難なものは，他の用途へのカスケード利用されるか，最終処分されているものと考えられる。

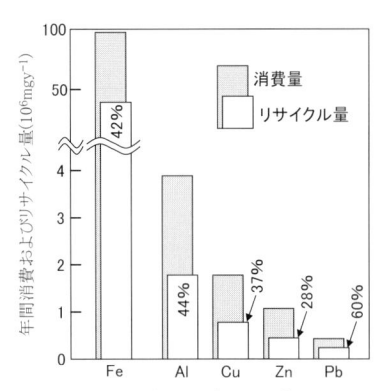

図 4.27. 日本における基幹金属の年間消費量およびリサイクル量

一般的に，金属のリサイクルに要するエネルギーは，鉱石からの製造に比較して低い。これは，鉱石の還元などの製錬過程*で大きなエネルギーを要するからであるが，そのエネルギーは金属の種類によって大きく異なる。鉱石からの製造に対するリサイクルの場合のエネルギー消費割合は，銅では約 1/10，アルミニウムでは約 1/15，鉄鋼では約 1/3 と試算されている。これらの値は，リサイクル時の原料であるスクラップの性状の相違にも影響される。たとえば，主に薄板や細線などで構成されるスクラップの場合，表面積が大きいため，溶解時の酸化ロス等によりエネルギー効率が低下する。また，製品加工時に工場で発生する不純物混入の少ないものと，使用済み飲料缶のように表面塗料を施したものとでは，リサイクルの容易さが全く異なる。以下，鉄鋼，アルミニウム缶，鉛バッテリーを例として取り上げ，それらのリサイクルに関する将来的な課題をまとめる。

a.鉄鋼のリサイクル

図 4.27 に示したように，わが国の鉄鋼スクラップ発生量は年間約 4000 万 t と莫大であり，そのほとんどがリサイクルされている。わが国の鉄鋼のマテリアルフロー概略を**図 4.28** に示す。スクラップ発生量は建築土木系でもっとも多く，ついで輸送機械の順になっている。これらのスクラップは主に製鋼用電気炉プロセスで再溶解され，合金成分を調整した後に鉄鋼製品として再生される。しかし，前述したように銅などの不純物混入のため，現状のままのリサイクルを続けると不純物の濃縮が進行し，鉄鋼リサイクル率の低下を余儀なくされることが予想されている。これを防ぐために，スクラップから，あるいはその製錬過程での不純物の除去に関する技術開発が行われている。具体的には，低温破砕と電気部品等の自動識別装置の組み合わせによる事前選別除去システム，鉄鋼を融解する前に不純物を溶かし出す方法，特殊なフラックスで不純物を除

---

* 鉱石の製錬過程：金属資源は，酸化物，水酸化物，硫化物，塩化物など種々の形態をとり，これらのうち，経済的に使用可能なものが鉱石とよばれる。硫化物の場合を除き，鉱石から金属状態まで還元するためにエネルギーを必要とすることが一般的である。銅など非鉄金属のいくつかは硫化鉱を原料としており，含有する硫黄成分の酸化熱を製錬過程で有効利用している。ただし，この場合は生成した SOx を排ガスから分離回収することが必要である。貴金属類は自然界で金属として存在することがあるが，通常，含有率が小さいため，選鉱や分離，濃縮の際にエネルギーを要する。

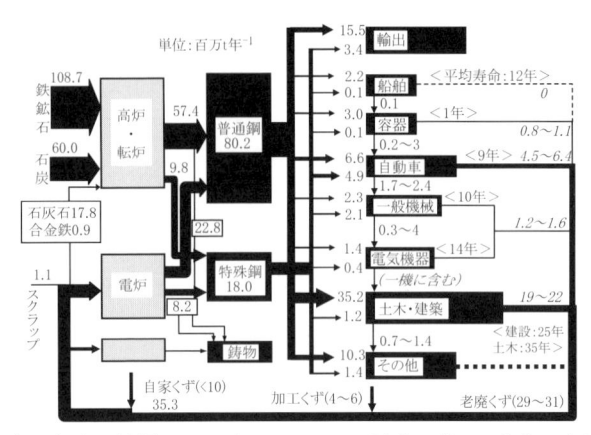

図 4.28. 日本における鉄鋼のマテリアルフロー（出典：柴田　清著：金属学会シンポジウム「廃棄物の再資源化」，日本金属学会，(1998)，1）

去する方法等である．また，不純物が鉄鋼品質に及ぼす悪影響を抑制する技術に関しても，研究開発が進んでいる．

b.アルミニウム缶のリサイクル

アルミニウムはボーキサイト（bauxite）を精製して得られた酸化アルミニウム（alumina: Al_2O_3）を原料とし，溶融電解法によって生産される．Al_2O_3 は安定な化合物であるため，その製錬過程では大きなエネルギーを必要とする．比較的高効率な条件でもアルミニウム 1 t を生産するために必要なエネルギーは約 130 GJ に達する．これに対して，アルミニウムスクラップを原料とすると 5～9 GJ のエネルギーで製造可能と見積もられ，リサイクルの有効性は顕著である．わが国では，アルミニウム缶が飲料缶全体の約半分を占め，年間消費缶数は 175 億に達する．使用済み飲料缶（UBC: Used Beverage Can）のリサイクル率は，図 4.29 に示すように年々増加している．2002 年度は 83.1％に達しており，スイス，ドイツ，北欧諸国等と同様に高い比率になっている．アルミニウム缶は加工過程に必要な性状を確保するため，合金成分を高度に制御することが必要とされ，スクラップへの不純物混入が大きな問題となる．したがって，Can to Can（缶から缶へ）のリサイクルが推進され，その比率も約 70％と高い．図 4.30 にリサイクルフローを示す．UBC のリサイクル工程においては，まず，ばい焼

4.3 資源再生・リサイクル

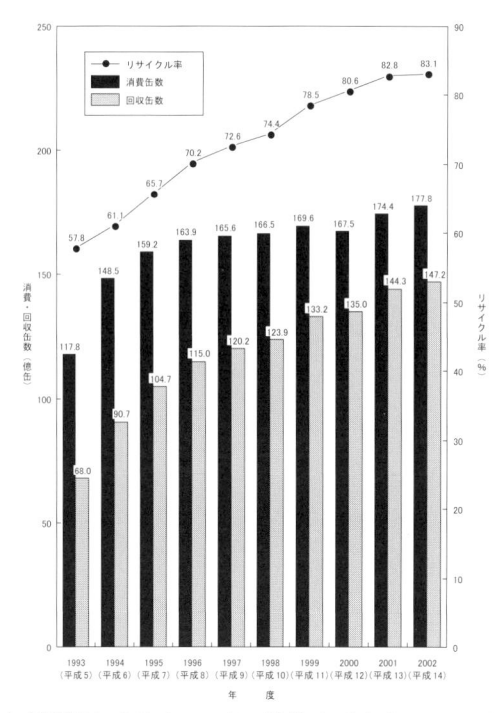

図 4.29. アルミ缶消費量とリサイクル率の推移（図版提供：アルミ缶リサイクル協会）

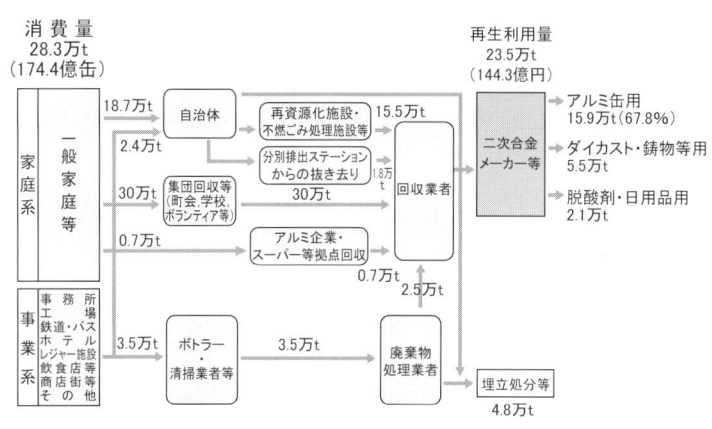

図 4.30. アルミ缶のリサイクルフロー

炉においてアルミニウムの酸化を抑制しながら缶表面の塗料除去を行った後，溶解炉で溶融する。このとき，塩化物を含むフラックス等を使用して，水素，非金属，マグネシウム等の不純物を除去するのが一般的である。

わが国ではアルミニウム新地金の製造はほとんど行われておらず，99％以上を輸入に頼っている。したがって，今後もさらに効率の高いリサイクル技術の開発が望まれている。

c.鉛バッテリーのリサイクル

わが国では鉛の総需要に対し，リサイクルされた鉛地金の使用割合は60％以上であり，もっともリサイクル率の高い基幹金属といえる。従来，使用済みの鉛バッテリーは，リサイクル鉛を主要原料として使用する二次製錬メーカーによってほぼ全量が回収・再生され，バッテリー原料として再利用されてきた。しかし，1990年代初めの鉛価格の下落によって回収率が極端に低下し，各地で放置バッテリーによる環境問題が顕在化するようになった。また，メンテナンスフリーバッテリーが一般的になり，従来型バッテリーにひろく使用されてきたアンチモンの除去が必要になってきた。したがって，再利用のためには単に回収した鉛を再溶解するだけでなく，成分をコントロールすることが可能な一次製錬メーカーの関与が必須となっている。

現在は，販売店が使用済みバッテリーを無償で引き取り，鉛の一次製錬メーカーが不純物の含有量制御を含む再生処理を行っている。しかし，鉛バッテリーのリサイクルはそれ自体では採算が取れないため，電池メーカーが回収・処理費を負担し，最終的に製品価格に上乗せされるのが現状である。

(2) プラスチックのリサイクル

わが国のプラスチック生産量は1,400万 t に達しており，その35％が包装容器として使用されている。図4.31に2001年におけるわが国のプラスチック種類別の生産量を示す。ポリエチレン（polyethylene），ポリプロピレン（polypropylene），塩化ビニル（PVC: polyvinyl chloride）の合計が60％を占め，ペット：（PET：polyethylene terephthalate）樹脂の生産量も急速に増加している。プラスチックのリサイクルには，分解・再溶融し，プラスチック原料として再利用するマテリアルリサイクルから，燃焼させて発電などによりエネル

ギー回収を行うサーマルリサイクルまで幅広いレベルが存在する（**表 4.4**）。焼却時のエネルギー回収まで含めると廃プラスチックの有効利用率は約 53% になるとの統計があるが，フュエルリサイクル以上のレベルでは 2001 年で 20% にも達していない。

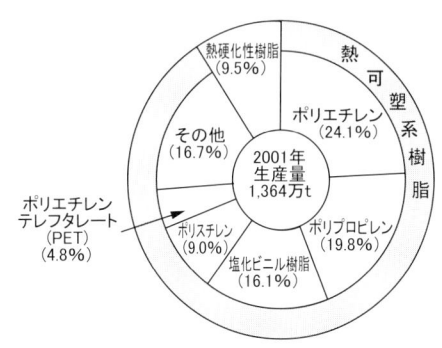

図 4.31. プラスチックの種類別生産量

表 4.4. プラスチックリサイクルの異なるレベルと概要

リサイクルのレベル	概要
マテリアルリサイクル Material recycle	化学的変化を伴わない粉砕などの機械的操作によりペレットを作成し，プラスチック原料として再利用するものである。バージン原料と比較すると品質劣化は避けられず，リサイクルを繰り返すことにより再生不能になる場合も多い
ケミカルリサイクル Chemical recycle	熱分解や加水分解により化学原料のレベルまで戻して，再利用するものである。化学原料の回収率向上と分解副産物処理が課題となる
フュエルリサイクル Fuel recycle	熱分解等により油化し，燃料や高炉還元剤（コークス）として再利用するものである。前者にはケミカルリサイクルと同様，回収率と分解副産物処理の問題がある
サーマルリサイクル Thermal recycle	廃棄物焼却炉，RDF 燃焼炉などにおいて発生する燃焼熱を，発電，蒸気，温熱等の形で回収利用するものである。他の混入物質や塩化水素発生などの問題があり，エネルギー回収効率は比較的低い。排ガスおよび焼却灰処理等の問題がある

プラスチックへの再利用において，品質劣化が避けられない場合にはカスケード利用が前提となる。最近では，コークス原料としての利用技術や高炉に熱風とともに吹き込む燃料化技術が実用化されるとともに，油化やモノマー化などの技術開発に急速な進展が認められる。いずれの技術においても，リサイクルプロセスの成立には不純物の混入率を抑制する必要があり，分別の徹底が重要となる。

a.ペットボトルのリサイクル

ペット（PET）樹脂は，軽くて破損しにくい利便性から飲用ボトルとしての利用が進み，わが国では1996年の20万tから2001年の44万tへと生産量が倍増した。1997年には容器包装リサイクル法の分別収集対象となり，自治体で収集された使用済みボトルの再資源化が義務付けられている。回収率も生産量とともに増加し，2001年には約40%に達している（図4.32）。使用済みペットボトルは破砕フレークとしてポリエステル繊維製品やシート，カーテンなどの成型品の原料とするマテリアルリサイクルが主体であるが，不純物混入や長期保管による劣化などの問題が指摘されている。最近は，再びPETとして利用す

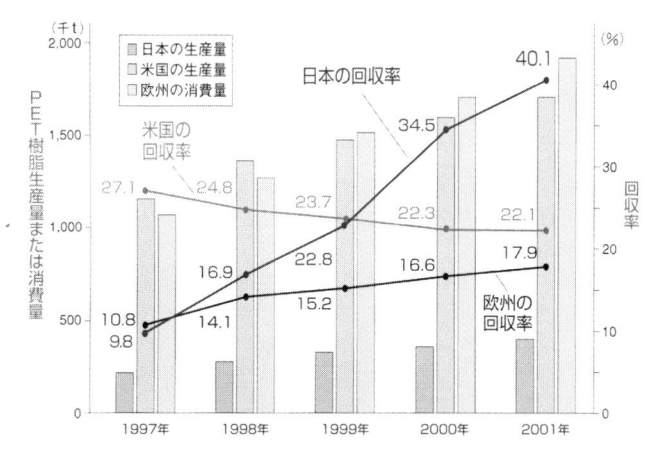

図4.32. PETボトルの生産量と回収率の推移（図版提供：PETボトルリサイクル推進協議会）

るためのケミカルリサイクル技術が注目されている。これは，高分子重合体（polymer）である PET 樹脂を化学的に分解し，単量体（monomer）に戻して PET 樹脂に再び戻して原料として再び使用するものであり，使用済み PET の再利用規模の拡大が期待できる。また，この方法では，ボトルに混入する蓋やラベル等は分解せず，分離除去が容易であるため，不純物混入に対する許容範囲が比較的大きいという特徴がある。

b.塩化ビニルのリサイクル

塩化ビニル（PVC）は，安価で優れた強度，電気絶縁性，耐候性を持つプラスチックとして 1950 年代から急速に使用量が増加した。可塑剤の添加による硬度調節も可能で，上下水道用パイプ，電線被覆材，建材などの耐久資材や農業用フィルム，医療用器材，包装材などに幅広く利用されている。わが国では年間 200 万 t を超える PVC が生産され，その 80％以上が耐久製品として使用されている。一方，廃 PVC の発生量も年間 100 万 t を超え，現在は 30％程度が回収されている。

PVC の単位化学構造は $[-C_2H_3Cl-]$ である。C_2H_3 と Cl の質量比は 27：35.5 であるため，約 57 mass％が塩素で構成されていることになる。歴史的には，塩化ナトリウムから苛性ソーダを効率的に生産するプロセスが開発されて余剰となった安価な塩素を大量利用することを可能にした画期的な材料に位置付けられている。実際，塩素を出発原料とするため，生産過程での単位質量あたりのエネルギー使用量は PET 樹脂の約 1/2 であり，また，焼却時の発熱量が小さく，生産において発生する CO_2 量も他のプラスチックに比較して少ない特徴がある。

しかし，PVC の焼却の際には塩化水素（HCl）が発生し，特に低温燃焼時にはその難燃性も影響して，クロロベンゼン（chlorobenzene）やダイオキシン類（dioxins）等の有機塩素化合物の生成が問題となる場合が多い。一方，マテリアルリサイクルの過程において，不純物混入に対する許容割合が比較的高く，マテリアルリサイクルしやすいプラスチックとの位置付けもされている。PVC のリサイクルは，パイプ，農業用フィルム，電線被覆材等を中心に進められている。表 4.5 に，これら主要 PVC 製品のマテリアルリサイクルの状況を示す。

表 4.5. 主要な塩化ビニル製品のマテリアルリサイクル（単位：千 t y⁻¹）

製品	出荷量	発生量	回収量	リサイクル率	再生品
硬質パイプ	550	355	142	40%	パイプ
農業用フィルム	50	100	51	51%	床材他
電線被覆材	170	120	44	35%	床材他

このように，主要製品のリサイクル率は高いものの，廃 PVC 総量に対するリサイクル率は 21% 程度であり，多くが他の廃プラスチックとともに処理されている。PVC に限らず，プラスチックのマテリアルリサイクルを効率化するためには分別回収が必須条件であり，製造段階から回収までを考慮したリサイクルシステムの構築が必要である。

c.廃プラスチックの製鉄プロセス利用

種々のプラスチックが混在する廃棄物をサーマルリサイクル，フュエルリサイクルする場合，4.2.5（RDF 処理）項において述べたように，塩素含有量が問題になる場合が多い。また，重金属が含有される場合もあり，燃焼排ガスや燃焼飛灰の組成にも十分な注意を払う必要がある。

一方，一貫製鉄所では 1 日に数万 t に達する多量の原料を取り扱っており，例えば 1 日に鉄鋼 2 万 t を生産する製鉄所でのコークス使用量は，1 万 t を超える。したがって，コークス中の塩素含有量は平均 100 ppm 程度と微量であるが，高炉に装入される塩素の総量は 1 日 1 t にも達することになる。製鉄所は，このように多量の物質を取り扱いながら，環境汚染物質の排出を抑制する技術を持っているため，不純物が混入しやすい廃プラスチックの有効利用に取り組む条件が整っている。

現在は，塩化ビニルを選別除去し，塩素含有量が比較的少ないプラスチックをコークス原料として使用したり，高炉へ熱風とともに吹き込む方法で使用している。これらはいずれも，廃プラスチック鉄鉱石の還元や炉内の昇温のために利用するものである。塩化ビニルについては，事前に脱塩素工程を設ける方法での利用技術が実用化段階にある。

ただし，この場合も他の廃プラスチックリサイクルの場合と同様，処理費を受け取ることによって成立するシステムである。また，製鉄原料系への塩素を

中心とした不純物の過度の流入によるプロセスへの悪影響も考えられるため，不純物流入量の高精度な把握と制御も重要な技術である。

　d.シュレッダーダスト（廃家電，廃自動車）のリサイクル

　シュレッダーダスト（shredder dust）は，廃自動車や廃家電から，利用できる部材や有害物質等を選別除去した後，シュレッダーとよばれる破砕・裁断機で処理したものをさらに風力分別等を行った不要物の総称であり，プラスチック類，ゴム，ガラス，繊維片，金属片などから構成されている。これらの物質は複合的に混在しており，そのままでは再利用が困難なため，現在は年間約120万 t が埋立処分されている。

　家電リサイクル法および自動車リサイクル法の施行により，シュレッダーダストの有効再生処理が強く要求されるようになり，選別強化やシュレッダーダストからのエネルギー，金属類の同時回収技術の開発が望まれている。しかし，図 4.33 に示すように主に軽量化による燃費向上を目的として，自動車の構成材料中の非鉄金属やプラスチックの使用比率が年々増加している。したがって，比較的選別が容易な鉄以外の材料の構成割合が増加の一途をたどっている。家電製品も軽量・小型化指向が続いており，同様に現状の方法でシュレッダーダストの発生量を顕著に減少することは難しい。また，現在，開発途上国への中古部品や簡易プレスを行っただけの廃自動車の輸出量もかなり大きいものと推

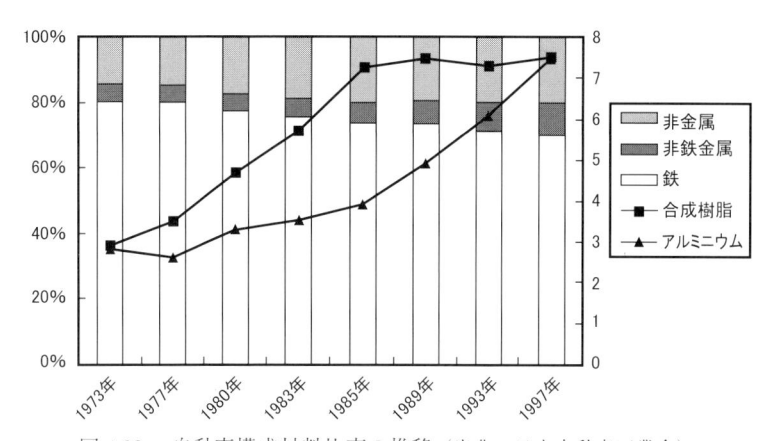

図 4.33. 自動車構成材料比率の推移（出典：日本自動車工業会）

定されるが,将来的にこれが滞った場合,シュレッダーダスト処理量の大幅な増加も懸念されている.さらに,最近の鉄鋼スクラップの価格低下などは,廃自動車そのもののリサイクルへの駆動力を低下させる大きな要因となっており,恒常的な経済性の確立も大きな課題である.

シュレッダーダスト量の減少には事前分別の強化が最も有効であるが,部品の小型化,複合化が急速に進んでいる現状では,生産時にリサイクル性を考慮した設計,製造を行う必要性がある.一方,シュレッダーダストの有効利用法としては,以下のような技術が検討されている.

①ガス化溶融炉等による乾留ガス化・減容・固化:シュレッダーダスト中のプラスチック類など可燃物からのエネルギー回収と同時に,燃焼残渣をスラグ化し,減容化および安定化を行う技術である.

②熱媒浴によるプラスチック類の分離:昇温したコールタール中にシュレッダーダスト浸漬し,プラスチック類と金属類を比重分離し,同時に塩化ビニルの脱塩素を行う技術で,分離されたプラスチックや鉄を製鉄原料として再利用することが考えられている.

③ガス化および非鉄製錬を利用したリサイクル

まず,流動床反応器等を用いてガス化,脱塩素化を行い,エネルギー回収を行った後,残渣の金属あるいはスラグ成分は,非鉄製錬の原料として有効利用しようとする技術である.

4.4 廃棄物処理と環境影響

高度な廃棄物処理やリサイクルシステムの導入は,新たなコスト増加を招く場合が多く,負担の公平化が重要である.一方,廃棄物の適正処理にも,程度の差はあれ新たなエネルギーや資源の投入が必要となり,処理工程での更なる環境負荷も発生する.この意味では,新たなエネルギーや資源の投入を必要としない場合は,自立したシステム構築が比較的容易に実現可能である.このように,新たな廃棄物処理やリサイクルシステムの導入に際しては,常にそのメリットとデメリットを定量的に比較する必要性がある.このような評価手段としては,ライフサイクルアセスメント(LCA: Life Cycle Assessment)があり,

種々のケースについて検討されている。しかし，検討の際の前提条件（仮定）や境界条件（考慮すべき範囲），あるいは排出される温室効果ガスと微量有害物質をどのように定量的に評価し比較するかなど，難しい課題が山積している。

本節では，廃棄物処理に伴う環境負荷および環境影響評価と対策について概説する。

4.4.1 ダイオキシン類の発生と排出制御技術

ダイオキシン類は図 4.34 に示すように，二つの炭素 6 員環（ベンゼン環）により構成されるポリ塩化ジベンゾ－パラ－ジオキシン（PCDDs: polychlorinated dibenzo-p-dioxins），ポリ塩化ジベンゾフラン（PCDFs: polychlorinated dibenzofurans），コプラナーPCB（co-PCBs: coplanar-polychlorinated biphenyl）[*]の総称[**]である。いずれも，環境のなかで分解しにくい，人間や動物に対する毒性が高い，生体中の脂肪に蓄積しやすいために食物連鎖による濃縮率が高いなどの共通した性質を持つ。

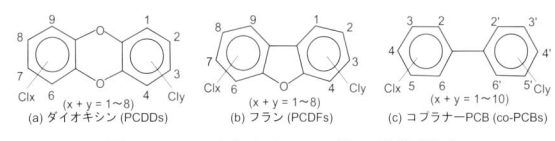

図 4.34. ダイオキシン類の化学構造

---

[*] コプラナーPCB：PCBs のなかで ortho 位置に塩素を持たない異性体は，二つのベンゼン環が同一平面上に存在する状態をとることが可能となる。このような構造を共平面（coplanar）構造とよぶ。

[**] 総称：これらの化合物は分子構造上において異なる物質であるが，環境中挙動，生態影響および人間や動物に対する毒性が類似しており，1998 年に WHO がそれぞれの特定異性体に対して換算毒性値（毒性等価係数）を示した。わが国の「ダイオキシン類対策特別措置法（1999 年成立）」においても，これらの化合物を総称してダイオキシン類と定義されている。

> **コラム** ダイオキシン類対策特別措置法：
>
> ダイオキシン類による環境汚染防止のため，1998年7月に議員立法として成立し，1999年1月に施行された法律であり，大気汚染，水質汚濁，土壌汚染，廃棄物処理等，ダイオキシン類発生や環境影響に関連した基準，規制，措置が定められている。廃棄物焼却炉や産業系のダイオキシン類排出施設を「特定施設」に指定し，業種および施設規模ごとの排出基準値を設けている。また，特定施設には届出やダイオキシン類排出濃度の自主的な測定と，測定結果の都道府県知事への報告義務が課せられ，都道府県知事はその公表が義務付けられている。

　ダイオキシン類による汚染としては，ベトナム戦争（1954～75年）の後半に多量使用された枯葉剤（オレンジ剤），西日本を中心にして発生したカネミ油症事件（1968年），イタリア，ミラノ近郊のセベソで起こった農薬工場の爆発事故（1976年）の影響などが知られている。オランダの都市ごみ焼却飛灰にダイオキシン類が検出されたことが報告されたのは1977年であり，わが国でも1979年に同様の報告がある。その後，ダイオキシン類の毒性等が徐々に明らかになるなか，その対策も比較的緩やかに進められてきたが，1995年に大阪府能勢町における高濃度汚染土壌問題や関東での産業廃棄物焼却施設の密集問題がひろく取り上げられるようになり，法的整備を含め一気に対策が進められた。

　図4.35にわが国でのダイオキシン類排出量の最近の推移を示す。図中に見られるような急激な排出量低下には，廃棄物焼却施設，なかでも一般廃棄物焼却施設での低減の寄与が大きい。効果を上げた具体的な対策としては，小規模間欠運転型焼却炉の連続炉への統廃合，操業条件の安定化，高度排ガス処理技術の適用等が挙げられる。

　ダイオキシン類の生成に関しては，クロロベンゼンやクロロフェノールなどダイオキシン類を構成する炭素6員環構造を有する前駆物質からの生成と *de novo* 合成反応とよばれる有機物燃焼時に発生した未燃炭素系粒子に起因する二つのルートが指摘されている。後者は，いわゆる「すす（soot）」が酸化性雰囲気下で200～600℃程度の比較的低温にある場合に，炭素の単純な酸化反応に付随してダイオキシン類を含む種々の有機化合物が生成する反応である。いずれも，金属や金属化合物等の表面が関与する触媒反応と考えられており，とくに塩化銅の触媒作用が大きい。図4.36に廃棄物焼却過程におけるダイオキシン類生成のイメージを示す。ダイオキシン類生成の直接的な塩素源としても塩化

銅，その他遷移金属塩化物の役割が大きいことが指摘されている．

従来，廃棄物焼却所における燃焼管理が不十分な低温不完全燃焼条件下での，

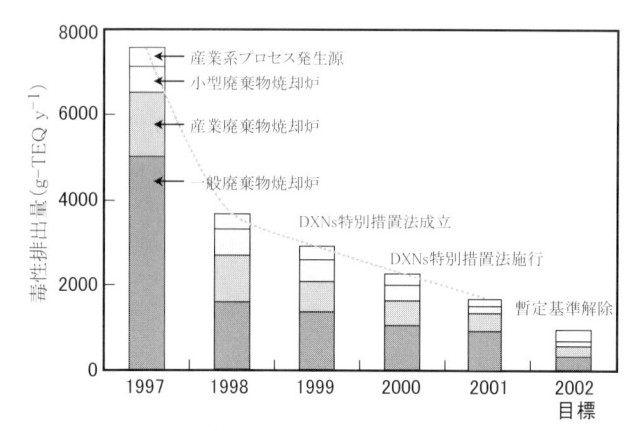

図 4.35． 日本のダイオキシン類年間排出量推移

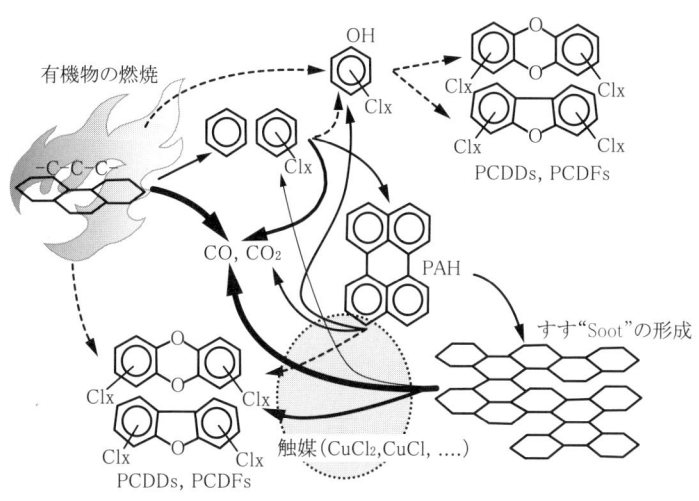

図 4.36． 廃棄物焼却過程におけるダイオキシン類生成反応のイメージ（出典：竹内正雄 Chem. Eng. Japan, 64（2000），121 に加筆）

PVC 等の有機塩素化合物からの生成が注目されたが，現在のように，排ガスが800℃程度以上の高温で一定時間以上処理される場合は，廃棄物中に存在する塩素の初期形態の影響は小さいと考えられる。これは，高温においては NaCl や KCl が揮発分散しやすいほか，SOx や SiO_2 等の酸性物質が共存する場合は NaCl や KCl 等の無機塩素化合物からも HCl，Cl_2 等の形態で塩素が遊離する可能性が高いためである。これは，焼却対象から単に塩化ビニルなど塩素系プラスチックを除去するだけでは，ダイオキシン類発生を効果的に抑制することはできないことを意味している。現在の大型ストーカ炉やガス化溶融炉などでは，廃棄物に存在したり，発生ガスの燃焼過程で生成したダイオキシン類は，高温条件においてほぼ完全に分解されるため，むしろ排ガス冷却過程における *de novo* 合成反応（再合成反応とよばれる場合もある）が原因と考えられている。

以下，廃棄物焼却におけるダイオキシン類発生抑制の対策をまとめる。

①塩素源の除去：一般廃棄物において，食品由来の NaCl など無機塩素化合物を完全除去することは難しいが，産業廃棄物では塩素を含む物質の事前除去が効果的な場合がある。

②金属および金属化合物の除去：銅は塩化物になると，300℃程度においても比較的高い飽和蒸気圧を持つため，揮発して移動しやすい。したがって，その除去は極めて有効といえるが，一般廃棄物やシュレッダーダスト中に混入した銅は電子基盤配線や小型モーターコイルなどの形態をとっており，その分離は現状では難しい。

③燃焼改善：ダイオキシン類は高温では熱力学的に不安定であるため，焼却炉内を均一に 800℃程度以上に保持することによって，燃焼時の生成抑制が可能である。また，燃焼の均一化は局所的な酸素不足や低温域の発生を防止する意味からも重要であり，これにより排ガス冷却時の *de novo* 合成反応の原因物質となる未燃炭化水素系粒子（すす）の生成が抑制できる。均一燃焼のためには，廃棄物が持つ熱量や水分などのほか，燃焼中に空気と十分接触できるように廃棄物のサイズの管理も重要である。熱分解生成ガスの完全燃焼を図るためには，空気の多段吹き込みやガス相の攪拌によって二次燃焼を促進することが効果的である。

④排ガスの急冷：十分に管理された廃棄物焼却炉においても，炉出口の排ガ

ス中 CO 濃度は 10 ppm 程度以上であり，その他，熱分解チャー（char）やダイオキシン類を含む多環芳香族なども存在する。これは燃焼炉内の不均一性に起因した未燃物質の存在を示すもので，現状では完全にゼロとすることは不可能である。したがって，排ガスはその冷却過程で，少なからずダイオキシン類を生成する可能性を持つ。排ガスの急速冷却は，ダイオキシン類の生成条件を通過する時間を直接的に短縮させるため，重要な対策技術の一つとして位置付けられている。水スプレー冷却塔等の方式が採用されている。

⑤排ガス処理および除塵：排ガスの急速冷却処理を行っても，その後の処理過程で 200℃ 以上に昇温すれば，再度ダイオキシン類が生成する条件となる。また，排ガスの流路が澱むような場所ではダクトにダストが堆積し，200℃ 程度の比較的低温でも長時間保持されることによって，ダイオキシン類が生成する可能性がある。したがって，排ガス温度およびダクト内部のダスト堆積状態の管理が必要である。さらに，100℃ 程度以下の低温ではダイオキシン類はダスト粒子表面に吸着して安定化することがわかっており，排ガスの集塵効率上昇が重要となる。一般的に，円筒あるいは封筒状の濾布を用いて捕集する方法が採用されており，バグフィルター（bag filter）とよばれる。酸化チタン（TiO_2）の担体に酸化バナジウム（V_2O_5）を担持した触媒を用いて，ダイオキシン類を分解する方法も実用化されている。ただし，分解効率は温度に比例するため，排ガス温度を 180～230℃ 程度まで再上昇する必要がある。この場合，アンモニアの添加により，NOx の同時分解が可能である。また，活性炭や活性コークスが持つ大きな比表面積を利用して，ダイオキシン類を吸着除去する方法も採用されている。

⑥飛灰中ダイオキシン類の無害化処理：除塵捕集された飛灰中のダイオキシン類濃度が高い場合には，除去あるいは無害化する必要がある。無害化処理としては，空気を遮断した条件で加熱し，ダイオキシン類を脱塩素化する技術があり，外熱式ロータリーキルン等が使用される。アルカリ触媒反応などによる化学的脱塩素化法も採用例がある。その他，溶媒抽出法，超臨界水による分解などの技術提案があるが，実用化には至っていない。また，飛灰中に含まれる重金属類の溶出防止および減容化策でもある溶融固化も行われている。飛灰には多くの塩素成分が含有されているため，溶融のための加熱時

の揮発量も多く，さらに溶融飛灰の処理が必要となる。

ダイオキシン類は廃棄物焼却以外に，産業系プロセスからも発生する。量的には鉄鋼やアルミニウムスクラップの乾式リサイクルに関連するものが主である。いずれもスクラップに混入された塩素を含むプラスチックや塗料，銅成分などの影響が大きく，効率的な不純物混入防止技術が望まれている。しかしながら，各プロセスの操業条件や排ガス処理法の改善などにより，各発生量も着実に低減されている。ダイオキシン類の環境影響については，内分泌撹乱化学物質（環境ホルモン）としての挙動など，将来的に不明な点が多く，今後もさらなる削減が求められる可能性がある。また，これらのプロセスでの排ガス集塵ダストは，通常，リサイクル使用される場合が多く，集塵の強化によって，塩素成分が系内を循環濃縮される可能性が高い。したがって，最終的に塩素成分をどのような形で除去，あるいは固定するかが総合的なダイオキシン類対策の一つとして重要である。

4.4.2 マニフェスト（産業廃棄物管理票）制度

マニフェスト（manifest）は，産業廃棄物処理の流れを的確に把握するため，廃棄物の種類，数量，処理委託先等を記載した管理票（産業廃棄物管理票）である。この制度は，不法投棄や不適切な処理を防止するため，産業廃棄物を排出する事業者に対して適正処理を確認する義務を課した制度であり，まず，1993年に特別管理産業廃棄物が対象とされ，1998年にはすべての産業廃棄物に対して適用された。さらに現在では確認義務範囲が「最終処分が終了するまで」に拡大されている。

4.4.3 環境影響の事前評価と対策

廃棄物焼却施設を新たに設置する場合，事前に環境アセスメント（環境影響評価）が行われるようになってきた。環境アセスメント制度は，一定規模以上の事業を開始する前に環境に与える影響について調査・予測・評価を行うもので，結果は住民に公表され，自治体や住民の意見を参考にしながら事業を環境保全上より望ましいものとしていくしくみである。具体的には，1997年に公布された環境影響評価法や自治体の条例に基づいて行われている。

たとえば，仙台市泉区に2003年6月現在新設中の一般廃棄物焼却施設（焼却能力: 200 t d^{-1}×3炉）においては，1999年から各環境影響評価が行われ，2002年に最終結果が報告されている。この例では，大気汚染関連項目として，SOx，NOx，SPM，HCl，CO，ダイオキシン類について周辺大気中の各濃度の上昇を年平均で予測しており，それ以外の項目としては，交通量増加，電波障害，水質汚濁，悪臭，風害，騒音，地盤沈下，景観変化，振動，日照阻害の各項目について新規施設の建設中，および稼動後の影響について予測，評価が行われた。

【演習問題】

1. 鉄とアルミニウムを製造するために必要なエネルギーについて，それぞれの鉱石からの場合とスクラップからの場合を比較せよ。

2. 現在，わが国で使用されている鉄鉱石の品位（鉄の濃度）が5％低下しただけで，大きなコストアップになるのはなぜか，考察せよ。

3. 材料の小型化，薄片化，複合化により金属素材のリサイクルが困難になる理由について，科学的な見地から考察せよ。

4. 廃棄物処理および素材リサイクルにおけるダイオキシン類問題を整理し，将来的に採るべき方策を述べよ。

【参考図書】

・安井至編著：リサイクルの百科事典，丸善（2002）
・化学工学会環境パートナーシップclub：化学工学の進歩35　廃棄物処理の処理循環型社会に向けて，(2001)
・産業調査会事典出版センター：産業リサイクル事典（2000）
・柘植秀樹，荻野和子，竹内茂彌著：環境と化学　グリーンケミストリー，東京化学同人（2002）
・工藤徹一，御園生誠著：グリーンマテリアルテクノロジー　環境にやさしい無機プロセスと材料，講談社（2002）

- 松藤敏彦, 田中信壽著：地球環境サイエンスシリーズ　リサイクルと環境, 三共出版（2000）
- 石井一郎著：廃棄物処理　環境保全とリサイクル, 森北出版（1997）
- 公害防止の技術と法規編集員会編：公害防止の技術と法規　ダイオキシン類編, 産業環境管理協会（2003）
- 環境新聞社編：資源循環技術ガイド, 環境新聞社（1999）

【参考になる Web ページ】

- http://www.env.go.jp/（環境省）
- http://www.mhlw.go.jp/（厚生労働省）
- http://www.maff.go.jp/（農林水産省）
- http://www.meti.go.jp/（経済産業省）
- http://law.e-gov.go.jp/cgi-bin/idxsearch.cgi（法令データ提供システム（総務省行政管理局））
- http://www.nies.go.jp/（独立行政法人国立環境研究所）
- http://www.rite.or.jp/（財団法人地球環境産業技術研究機構）
- http://www.gispri.or.jp/（財団法人地球産業文化研究所）
- http://www.kankyo.metro.tokyo.jp/（東京都環境局）
- http://www.kankyoken.metro.tokyo.jp/（東京都環境科学研究所）
- http://www.epcc.pref.osaka.jp/center/index/index.html（大阪府環境情報センター）
- http://www.jcpra.or.jp/（財団法人　日本容器包装リサイクル協会）
- http://www.nippo.co.jp/（包装と廃棄物・環境の情報サイト）
- http://www.pwmi.or.jp/（社団法人　プラスチック処理推進協会）
- http://www.rits.or.jp/steelcan/（スチール缶リサイクル協会）
- http://www.alumi-can.or.jp/（アルミ缶リサイクル協会）
- http://www.petbottle-rec.gr.jp/movie.html（PET ボトルリサイクル推進協議会）
- http://www.glassbottle.org/（日本ガラスびん協会）
- http://www.jarc.or.jp/index.html（財団法人自動車リサイクル促進センター）
- http://www8.ocn.ne.jp/~sept/（財団法人鉄鋼業環境保全技術開発基金）
- http://www.jisri.or.jp/menu.html（社団法人日本鉄リサイクル工業会）
- http://www.sanpainet.or.jp/（産廃情報ネット）
- http://www.jswme.gr.jp/（廃棄物学会）

第5章
化学物質と環境

5.1 化学物質の使用と環境への排出
5.1.1 はじめに

本書のなかで「化学物質」なる用語を既に用いてきた。「化学物質」は,学術的な用語として従来から用いられてきたものではないが,法律用語などを中心に近年社会的にひろく使われるようになったので,本書でもこの表現を使用している。人工的に合成され,そして環境汚染を通じて,人の健康や生物に悪影響を及ぼす可能性のある物質と理解してほしい。

環境問題の枠組みでの化学物質に対する関心は,環境を通じて化学物質を摂取することが,人の健康や生態系を構成する生き物たちの健全性に負の影響を与えるのではないかという懸念に発しているといえる。そのような懸念が生まれる大きな理由の一つは,非常に多種類のそして多量の化学物質がいまや日常的に使用され,その結果,環境のなかに排出されているからである。化学物質の使用とそれによる人体への影響のつながりと相互の関係は,図 5.1 に示すように表現できる。大気,水,土壌という環境媒体に排出された化学物質が,媒体中または媒体間に起こるさまざまな過程を通じて,大気,水,食品などの経路により人体に摂取され,影響を及ぼすことと理解される。

この過程のなかで,興味深くまた重要な段階は,1) どんな化学物質がどれだけ排出されているのか,2) 化学物質は環境のなかでどのようにふるまうのか,3) 化学物質はどのようにして人体に摂取されるのか,4) 化学物質の毒性に起因する影響はどのようなものか,ということである。

以下,1) から 3) を中心として述べていくこととしよう。

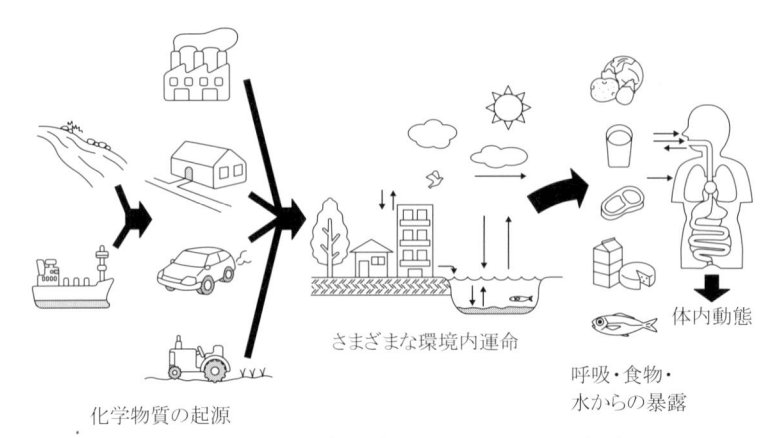

図 5.1 化学物質の起源と環境内運命および人への暴露（出典：D. Mackay, Multimedia Environmental Models - The Fugacity Approach - Second Edition, p.233, Lewis Publishers（2001）を一部改変した）

5.1.2 化学物質の使用と環境汚染とのかかわり

人類の長い歴史のなかでほんの200年前と比較して大きく変わったことは数多いが，人工的に作り出された物質が劇的に増えたことはその筆頭にあげられるのではないだろうか。18世紀後半から19世紀前半にかけて，製鉄と石炭工業に関連してベンゼンをはじめとする芳香族化合物の化学が生まれたほか，1828年にはドイツのF.ウェーラー（F. Wöhler）が無機物質のみから尿素を合成した。1800年代後半には，早くも染料など人工的な有機化合物の合成が商業的に開始されることとなった。無機化学分野の重要な発明である，空気中の窒素とコークスの乾留から得た水素とからアンモニアを合成する方法は，肥料工業をはじめさまざまな分野への波及効果があった。もともと自然界に存在しなかったこのような人工化学物質の登場は，地球環境の変化にとってたいへん大きな意味を持っている。商業的な取り扱いが始まるということは，すなわち，化学物質の環境への排出が始まることにつながるのであるが，環境のなかでそれらの化学物質がいかに影響するかが未知のまま相当な時間が経過してきた。

> **コラム** 有機化合物：

有機化合物の化学すなわち有機化学は，「炭素を含む化合物の化学」と定義される。有機化合物を構成する元素は炭素，水素，酸素のほか，窒素，硫黄，リン，ハロゲンなど比較的少数であるが，それらの数や結合のしかたによって非常に多種類の化合物が生まれる。炭素のつながり方によって鎖式化合物と環式化合物に分類される。そして，鎖式化合物のなかで基本的なものには，アルカン（飽和炭化水素），アルケンおよびアルキン（ともに不飽和炭化水素とよばれる），アルコール，カルボン酸などの脂肪族化合物があり，環式化合物ではベンゼン環を骨格とする多種類の芳香族化合物（トルエンやキシレンなどが身の回りで多量に使われている）がある。

分子式が同じであって性質が異なる化合物どうしを異性体とよぶ。たとえば，飽和炭化水素のアルカンでは CH_4 から C_3H_8 まではおのおのただ1種類の化合物しかないが，炭素数4の C_4H_{10} では2種類，C_5H_{12} では3種類の異性体が存在する。これは，炭素骨格の結合のしかたにおいて，直鎖状か枝分かれをしているかという違いがあることによる。

有機化合物の性質を特徴付けるのが官能基の存在である。これは，一つの同族列の化合物に共通に含まれ，共通した反応性を示す要因となる原子団で，例えばメチル基-CH_3，カルボン酸類のカルボキシル基-COOH，ヒドロキシル基-OH などがある。

20世紀に入ると，化学物質の数は増大の一途をたどり始め，世紀中頃からはさらにその度を加えて21世紀に至っている。現在では，ある程度以上の規模で工業的に量産されている合成化学物質の数は5万種を超え，10万種に近いともいわれている。そして，その多くは有機化合物なのである。

化学物質急増の20世紀における化学物質と環境とのかかわり合いを簡単に振り返ってみることにしたい。まずは，第2次世界大戦の少し前になる。有機塩素系の農薬が合成されるようになった。DDT（p,p'-ジクロロジフェニルトリクロロエタン）やクロルデン，BHC（ベンゼンヘキサクロライド）などがそれである。DDTは1939年にドイツで初めて合成され，強力な殺虫効果を持つことで知られるようになった。殺虫効力の発見者P.H.ミュラー（P. H. Müller）は，1948年にノーベル賞を受賞している。たちまち，DDTは世界中で使用されるようになり，日本でも害虫の駆除，ノミやシラミの駆除に戦後多くのDDTが使用された。ところが，この農薬は，環境面からみると実に問題の多い物質であった。それは，DDTが環境のなかで残留性がたいへん高く（半分減るのに水のなかで約220日，土壌のなかで約2年），また標的となる病害虫以外の動物種にも蓄積する性状を持っていることによる。このような高残留性・高蓄積性の有機塩素系農薬が森に住む鳥をはじめ野生生物に重大な影響を及ぼし，春

になっても雛がかえらない自然の異変を鋭く感じとって警鐘を鳴らしたのが，レイチェル・カーソンによる「沈黙の春」[1]であった。カーソンは，科学技術を盲信して自然をコントロールしようとする私たち人間の行き着く先にあるおそろしさを，彼女なりに農薬による被害を例に訴えたものと解釈できる。今は，先進国をはじめ多くの国で DDT の使用は禁じられているが，開発途上国の一部ではマラリアなどの被害を防ぐために使用されている。環境残留性の化学物質については，現在，削減に向けて国際的な協調がはかられようとしている（5.3.2 項参照）。

　一方，工業薬品としての化学物質が環境のなかに放出されて重大な問題を引き起こす事例が 1950 年代から起こるようになった。ポリ塩化ビフェニル（以後，PCB）による人体被害と環境の汚染が代表的な例である。わが国でカネミ油症事件の原因物質として知られる PCB は，工業製品としては多種類の混合物であり，外観上は油状で，性状にかんし電気的絶縁性，不燃性，化学的安定性などに優れた特徴を持っている。水にはほとんど溶けない。このようなことから，電気設備機器のトランスおよび蓄電用・蛍光灯安定器用などのコンデンサーに絶縁油として用いられた（コンデンサー内は PCB で満たされているか，巻紙のすきまに含浸されていた。トランスの場合にはトリクロロベンゼンと混合して満たされていた）。このほか，熱媒体，潤滑油，可塑剤として，さらには感圧複写紙など非常に幅広い用途を持っていた。国内での工業的な生産は 1954 年に始まって 1972 年まで続き，累計生産量は 58,787 t，国内使用量は 54,001 t にのぼった。用途のなかでもトランス，コンデンサーへの使用が 37,000 t 余りでもっとも多い。農薬が，殺虫，殺菌などの目的を果たすために意図的に環境のなかに放出されるのに対して，工業薬品は環境への拡散が生じる可能性と量は一般的には少ないと考えられる。しかし，実際には，生産，消費，廃棄の各段階で環境への排出が生じることがある。なお，このカネミ油症事件による PCB 汚染を契機に，工業薬品としての化学物質の事前審査制度に関する重要な法律が作られた（5.3.2 項参照）。

―――――――― **コラム** カネミ油症事件:――――――――

1968年,九州北部(福岡,長崎県ほか)で,皮膚に吹き出物の症状,さらに皮膚,爪,歯ぐきの黒変,食欲不振,めまいなどの諸症状があらわれるという集団的な健康障害が生じた。米ぬか油(食用ライスオイル)を摂取した人々に起こったことから調査した結果,米ぬか油製造工程に熱媒体として用いられたPCBが,配管に生じた孔から製品の油の側に混入した結果汚染を受けたことが明らかになった。カネミ油症事件とよばれる。身体的な異常を訴えた人は14,000人を超え,油症患者の数は1990年時点で1,862人となっている。

PCB汚染の典型例として知られるが,事件後の詳しい研究の結果,PCBが高温の加熱により,PCDF(ポリ塩化ジベンゾフラン)とコプラナーPCBに変化していたことがわかった。症状はPCBによるものと考えられていたが,実はこのようにダイオキシン類(4.4節参照)による毒性影響を被ったことが明らかになった。

参考:北野大,及川紀久雄著:人間・環境・地球 化学物質と安全性 第3版,p.249,共立出版(2000)

公害・環境問題を歴史的にみると,1980年代以降,都市化とモータリゼーションが進行するのに伴い,窒素酸化物による大気汚染と関連する自動車排ガス規制などのいわゆる都市型公害が重大な関心事になった。その一方で,今日まで続く化学物質汚染がしだいに顕在化してきた。ここでいう化学物質汚染は,重篤な健康被害を生じた水俣病や前記カネミ油症事件などとは異なり,環境のなかにひろく薄く分布して,はっきりとは目に見えない形で長期的に影響を生じるという特徴がある。

一つは,3.3.1項で述べたトリハロメタン問題である。もう一つは,トリクロロエチレンやテトラクロロエチレンなどの有機塩素系溶剤による地下水汚染である。トリハロメタンによる飲料水の汚染は,意図的に工業薬品として使用した結果としての環境排出ではなく,ダイオキシン類と同様に非意図的に,トリハロメタンであれば浄水処理,ダイオキシン類であればごみ焼却の過程で生成する化学物質の影響と特徴付けることができる。

これに対して有機塩素系溶剤による地下水汚染(さらに,土壌汚染にも拡大している)は,これらの溶剤が金属製品や半導体材料などの脱脂洗浄剤として,またテトラクロロエチレンなどについてはドライクリーニング溶剤として,非常にひろい産業分野で使用される結果生じているものである。このような有機塩素系溶剤による汚染に対する社会的関心と科学的な取り組みは,1990年代になって,水質環境基準および大気環境基準などの新たな項目の追加という形で

実を結んだ。

　さて，現在，化学物質はどのような用途に用いられているのだろうか。表5.1に主なものをまとめてみた。表に記したもののほかにも染料，触媒，医薬品中間体など非常に多くの用途があり，また，一つの物質が多種類の用途を持つことがある。用途の多様さにもみられるように，私たちの生活のなかで化学物質はもはや必要不可欠のものになっている。科学技術の成果であり，一般的には人間生活の質の向上に多大の恩恵をもたらしている。しかし，同時に負の影響があり得ることを忘れてはならず，このことを科学的に学修するのが本章の目的である。

表5.1　化学物質のさまざまな用途

用　途	化学物質の例
工業品合成原料・中間体	アセトアルデヒド，アセトニトリル，アニリン，塩化ベンジル，1,2-ジクロロエタン，トリクロロエチレン，トルエン，ニトロベンゼン，ノニルフェノール，
重合原料	塩化ビニル，スチレン，フェノール，1,3-ブタジエン，ホルムアルデヒド，メタクリル酸
溶剤	キシレン，o-ジクロロベンゼン，ジクロロメタン，トリクロロエチレン，テトラクロロエチレン
界面活性剤	直鎖アルキルベンゼンスルホン酸，ポリ(オキシエチレン)=ノニルフェニルエーテル
可塑剤	フタル酸ジ-n-オクチル，フタル酸ジ-n-ブチル，フタル酸ビス(2-エチルヘキシル)
農薬	EPN，クロルピリホス，シマジン，ダイアジノン，チオベンカルブ，マラソン，フェノブカルブ，PCNB
難燃剤	2,4,6-トリブロモフェノール，ブロモホルム，デカブロモジフェニルエーテル
加硫促進剤	ヘキサメチレンテトラミン

5.1.3　排出と PRTR 制度 [a]

　環境のなかにさまざまな発生源から多種類の化学物質が排出されていることは，理解できたであろうか．この環境への排出量については，化学物質の使用形態などによって，工業品としての生産量や出荷量との関係は一様でないことを知っておくべきである．合成原料や重合原料用途の場合，他の物質を合成するための化学反応によって化学的な形態を変えることになる．また，洗浄のための溶剤として使用される場合は，使用後の回収が行われているが，密閉系での適用が十分でなければ大気中などに排出されやすくなる．

　最近では，化学物質の排出量などを明らかにする PRTR 制度が生まれ，実施されるようになった．PRTR とは，Pollutant Release and Transfer Register の略で，環境汚染物質（または化学物質）排出移動登録とよばれる．これは化学物質について，事業者が製造や使用などからなる事業活動に伴って環境（大気，水域，土壌）のなかへ排出される量（排出量）と，化学物質を含んだ廃棄物を処理するために事業所の外部に移動する量（移動量）を自ら把握して行政庁に報告するという制度である．行政庁は事業者からの報告に加えて，一般家庭，農地，自動車など（これらを非点源という）からの排出量を統計資料などから推計したデータをも集計したうえで両者を公表する．図 5.2 に，制度のしくみの概要を示した．

　PRTR は，1992 年にブラジルのリオデジャネイロサミットで開かれた国連環境開発会議で採択された行動計画「アジェンダ 21」のなかの第 19 章：有害化学物質の環境上健全な管理，において，化学物質のリスクについて広く認識することが化学物質の安全性確保に欠かせないという趣旨で位置付けられた．1996 年には，OECD（経済協力開発機構）から加盟国に対し，導入に取り組むことへの勧告が出された．米国，オランダ，カナダなどの国においてはすでに実施されていたが，わが国では，環境庁（当時）が主体となって 1997 年からパイロット事業が行われた．同じ時期に，産業界による環境や安全に関する自主的活動（レスポンシブル・ケアとよばれる）が行われ，化学物質の安全性についての事業者間の情報提供を目的とした MSDS（化学物質等安全データシート）の普及も図られた．1999（平成 11）年に「特定化学物質の環境への排出量の把握等及び管理の改善の促進に関する法律」が公布され，これに基づいて，

```
           ┌─────────┐ ────────────────────────→  ┌──────────────┐
           │ 事業所A │                            │ 移動量       │
           └────┬────┘                            │(廃棄物の処理に│
              原│  ╲                              │伴い事業場外に │
              材│   ╲                             │移動する対象  │
              料│    ↓ ┌─────────┐                │化学物質の量) │
                │     │ 事業所B │──→             └──────┬───────┘
                │     └────┬────┘  ┌──────────────┐     │
                │        製│       │届出対象以外の │   ┌─┴──┐
                │        品│       │排出量        │   │処理│
                │          ↓       │(家庭,農地など)│   └────┘
                ↓          ↓       └──────┬───────┘
           ┌────────────────────────────────────────────┐
           │ 対象化学物質の環境(大気,水域,土壌)への排出量 │
           └────────────────────────────────────────────┘

           ↓ 排出    → 移動
```

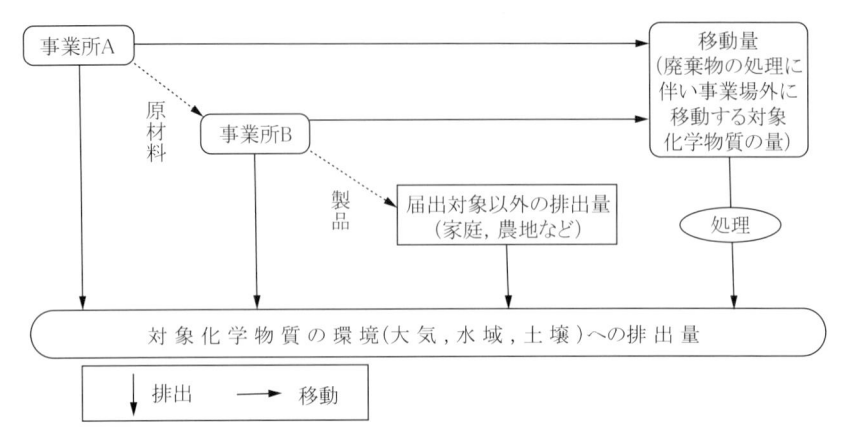

図 5.2　PRTR による排出・移動量の届出（出典：不破敬一郎，森田昌敏編著：地球環境ハンドブック第 2 版，pp.889-894, 朝倉書店（2002））

2001（平成 13）年度 1 年間のデータに関する集計が 2002 年度に行われ，2003 年 3 月に結果がまとまった。

PRTR の実施は，次のようなことに役立つと考えられる。

①化学物質の排出の状況が明らかになる。
②行政の施策や事業者の自主的な取り組みが促進される。
③市民，企業，行政が同じ情報を共有できる。
④化学物質による環境リスクへの理解を深められる。

PRTR は化学物質の排出および移動量を事業者が報告することであるから，どの化学物質がどれだけの量環境へ排出されているかが明らかになり，市民にとっては生活をしている地域での排出状況を知ることになる。日本より早くから米国で行われている TRI（Toxics Release Inventory）とよばれる制度は，1984 年にインドのボパールで起きた米国系企業の工場からの有害物質の流出事故を契機に，化学物質の排出実態を地域住民が知ることのできるしくみ作りを目標として始まった。行政にとっては，化学物質対策を実施する際の優先順位を決めるうえで PRTR データを判断材料の一つにできる。事業者にとっては排出量削減の目標設定に役立てることができ，また生産工程における化学物質使用の無駄などに気付くことにもつながる。

PRTR の対象物質にかんしては，人の健康や生態系に有害なおそれがあるなどの性状を持つ物質で，環境のなかに存在する濃度が高いと認められる物質が「第一種指定化学物質」として 354 物質指定されている[2]。法律の対象となる事業者は，従業員数が 21 人以上であり，製造業をはじめ政令で定められた 23 の業種，および対象化学物質の取扱量が年間 1 t（特定第一種指定化学物質については 0.5 t）以上に該当するものとなっている。PRTR で届出られた排出量について留意しなければならないことは，上記届出の要件からはずれた事業者（例えば従業員数 21 人未満のもの）からの排出もあってすべての量を網羅してはいないこと，排出・移動量を算出するにはいくつかの方法が使用できることになっているが，算出上の精度に限界があることなどである。

以下，2001（平成 13）年度の集計結果の概要を紹介する。ただし，この年の集計では，年間取扱量が 5t 以上の業種が届出の対象となっていた。

全国の事業者から届出られた排出量は約 314,000 t，移動量は約 223,000 t，合計約 537,000 t である。環境媒体別の内訳は，排出量についてのみ記すと，大気へ 281,000 t，公共用水域へ 13,000 t，土壌へ 300 t である。このほかに事業所内での埋立処分が 20,000 t ある。大気への排出量が全排出量の 89% ともっとも多い。土壌への排出は比較的少なく，例えば流体を輸送する配管の継ぎ目から漏れるなど，起こる場合は限られる。PRTR 制度で報告されたこの排出量については地域的な差異と特徴がみられ，地域ごとに内訳がかなり異なる。図 5.3 には，事業所，事業所以外を含めた全国規模の集計で排出量の多かった化学物質を示す。トルエン，キシレン，ジクロロメタン，トリクロロエチレンおよびテトラクロロエチレンは，各種の溶剤，合成原料，金属脱脂洗浄剤などとして多方面で用いられている。ホルムアルデヒドは室内空気汚染物質として知られるが，各種合成樹脂の原料のほか，防腐剤として用いられる。p-ジクロロベンゼンは防臭剤などとして用いられ，直接的に環境のなかに放散していく。

一方，大気と水域の環境媒体別に排出量の多い化学物質を整理すると，大気への排出量が多いのは，トルエン，キシレン，ジクロロメタン，エチルベンゼン，ほかである。水域へは，ふっ化水素およびその水溶性塩，ほう素およびその化合物，エチレングリコール，マンガンおよびその化合物といった物質の排出が多く，無機化合物が多いのが目立つ。ふっ化水素は半導体などの電子工業

材料の洗浄剤などとして，ふっ化ナトリウムなどの水溶性の塩は防腐剤などとして用いられる．不凍液に用いられることで知られるエチレングリコールは，合成原料や溶剤としても使用される．

5.1.2, 5.1.3 項でふれた主な化学物質の構造を**図 5.4** に示した．

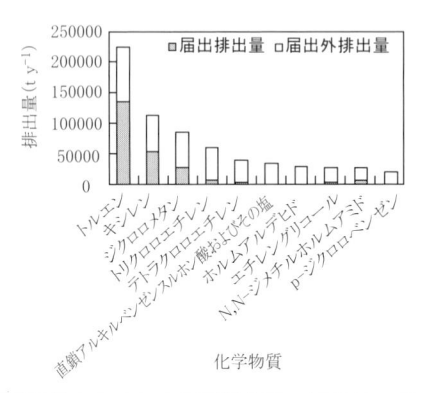

図 5.3　届出および届出外を含めた全国規模集計で排出量の多い化学物質（平成 13 年度）

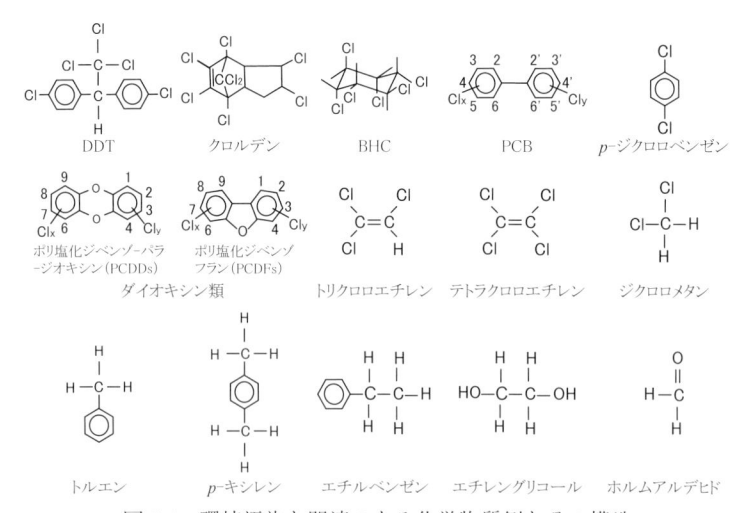

図 5.4　環境汚染と関連のある化学物質例とその構造

5.1.4 化学物質への暴露と摂取

化学物質への暴露の主経路として，人の場合，呼吸する大気（空気），飲料水として飲む水，食事を通した場合を考えることになる。摂取においては吸収の効率が考慮され，呼吸による吸入経路では 0.6，水や食物の経口経路では 1 が用いられる。摂取量を知るには，これらの媒体にどれだけの濃度または含有量で存在するかを知ることが重要である。これには，実際に濃度・含有量を測定して把握する方法と数理モデルを用いた計算により予測する方法がある。

また，上記媒体の摂取量については，呼吸については 15 ないし 20 m^3 d^{-1}，水の飲用については 2 l d^{-1} が通常用いられる。食事からの摂取については，日本の国民栄養調査の結果をもとに 1,400～2,000 g d^{-1} 程度の値が用いられる。人の体重は，日本人の場合 50 kg とされる場合が多いが欧米では 70 kg が用いられる。

5.1.5 室内空気と化学物質使用

近年，室内の空気汚染に大きな関心が向けられている。その背景として，人は 1 日の間に戸外で過ごすよりも室内で過ごす時間のほうがはるかに長いことがあげられる。また，各種の建材などに使用される化学物質が増大し，室内空間に多種多様な化学物質が入り込んできたことも要因となっている。欧米では，かつて，石油ショックに起因して省エネルギーが大きな課題になってから気密性を高めた建物（ビルディング）が増えた結果，建物内で過ごす人々に，目への刺激，頭痛，吐き気などのシックビル症（Sick Building Syndrome: SBS）が起こっていた。わが国では，ビル管理法とよばれる事務所ビルを対象とした衛生管理に関する法律があり，これに基づいて換気が効果的に行われたため問題は顕在化しなかったが，近年になって一般家庭あるいは学校でシックハウス，シックスクールとよばれる現象が報告されるようになり，厚生労働省においてシックハウス問題に関する検討会で検討が重ねられた。住宅の高気密化や化学物質を放散する建材・内装材の使用などにより，新築または改築後の住宅やビルにおいて，化学物質による室内空気汚染などにより居住者にさまざまな体調不良が生じている状態が数多く報告されている。症状が多様であり，症状発生の機構をはじめ未解明の部分が多く，また，種々の複合要因が考えられること

からシックハウス症候群とよばれる。

　現在，室内空気汚染の原因となっている化学物質は揮発性有機化合物 (Volatile Organic Compounds: VOC) と総称される化合物である。それは，WHO によると沸点が 100～260℃ にある物質で，100℃ 以下は高揮発性化合物とよばれる。他に蒸気圧による定義もある。アルカン類，アルデヒド類，ケトン類，脂肪族ハロゲン化合物類，芳香族炭化水素類，テルペン類，さらに有機リン系およびピレスロイド系薬剤などの多くの物質が含まれる。図 5.3 において，「直鎖アルキルベンゼンスルホン酸およびその塩」以外の化合物は，すべて広義の VOC である。

　表 5.2 は，建材などに使用されている化学物質の例である。また，**表 5.3** には，厚生労働省からガイドラインの出されている VOC を掲げた。この指針値は，ホルムアルデヒドについては短時間の暴露によって起こる毒性の観点から 30 分間の測定値として定められているが，他の VOC については，長期間の暴露によって生じる毒性の観点から指針値が設定されている。農薬についての指針値が溶剤より低い値であることがわかる。また，総揮発性有機化合物濃度は，安全性との関連性はあまりないが，個別 VOC の指針値とは別に室内空気質がどのような汚染状態にあるかを示す目安として利用される。

表5.2　建材・施工材などに使用されている化学物質の例

建材・施工材	含有可能性のある物質
合板，パーティクルボード，化粧合板，集成材，断熱材（ガラス繊維），複合フローリング材	ホルムアルデヒド
ビニル壁紙（塩化ビニル製品）	可塑剤（フタル酸ジ-n-ブチル，フタル酸ビス（2-エチルヘキシル），ホルムアルデヒド
木材保存剤（加圧注入）	トルエン，キシレン
木材保存剤（表面処理）	有機リン系・ピレスロイド系薬剤，トルエン，キシレン
油性ペイント，アルキド樹脂塗料，アクリル樹脂塗料	トルエン，キシレン
壁紙施工用でんぷん系接着剤	ホルムアルデヒド

建材・施工材	含有可能性のある物質
木工用接着剤	可塑剤
クロロプレンゴム系接着剤	トルエン，キシレン
エポキシ樹脂系接着剤	キシレン，可塑剤
エチレン酢酸ビニル樹脂系エマルジョン	トルエン，キシレン，可塑剤

表5.3　VOCについての室内濃度指針値

化合物	室内濃度指針値* 単位：μg m^{-3}	備考
アセトアルデヒド	48 (0.03 ppm)	
エチルベンゼン	3800 (0.88 ppm)	
キシレン	870 (0.20 ppm)	
クロルピリホス	1 (0.07 ppb) 小児：0.1 (0.007 ppb)	農薬
スチレン	220 (0.05 ppm)	
ダイアジノン	0.29 (0.02 ppb)	農薬
テトラデカン	330 (0.04 ppm)	
トルエン	260 (0.07 ppm)	
p-ジクロロベンゼン	240 (0.04 ppm)	
フェノブカルブ	33 (3.8 ppb)	農薬
フタル酸ビス（2-エチルヘキシル）	120 (7.6 ppb)	
フタル酸ジ-n-ブチル	220 (0.02 ppm)	
ホルムアルデヒド	100 (0.07 ppm)	
総揮発性有機化合物（TVOC）	400（暫定目標値）	

*（　）内の数値は 23℃の空気中での（体積/体積）比の値を表す．出典：http://www.mhlw.go.jp/houdou/2002/02/h0208-3.html をもとに一部改変した

　実際の室内空気中には，これまでに掲げた化学物質の多くが検出される．その濃度の値は，空気1 m^{3}中1 μg〜数百μg 程度と幅広い．屋外の濃度と比較すると，同程度から数百倍になることがあり，なかでもホルムアルデヒド，p-ジクロロベンゼン，トルエンなどが室内濃度の高い物質の代表例である．

VOCによる室内汚染を防ぐには,まず第一にそれらを多量に含む材料・製品をできるだけ使用しないことである。既に室内に放散している場合には,適切に換気をすることが有効である。気温が高い時期を利用して,積極的に建材中から放散させる方法もある(ベークアウトという)。最近では,室内空気清浄器が開発され,活性炭フィルターや光触媒などを用いたVOCの除去対策がとられている。また,建築基準法の改正によりシックハウス対策が強化され,合板や床材,ドア,壁紙などからのホルムアルデヒド放散量について基準値を設け,これより多い場合は建材の使用面積を制限すること,原則としてすべての建築物に機械換気設備を設置するよう義務付けることなどの措置がとられるようになった。

5.1.6 内分泌撹乱化学物質 [b]

1990年代後半以降に大きく社会的注目を集めた化学物質問題のなかで,ダイオキシンと並び環境ホルモンは代表例といえる。環境ホルモンに対する関心を高めたのは,米国で出版された"Our Stolen Future"(邦題:「奪われし未来」)[3]や英国で出版された「メス化する自然」[4]であった。

環境ホルモンは,正確には内分泌撹乱化学物質(Endocrine Disruptors)とよばれ,動物の生体内に取り込まれた場合に,本来,その生体内で営まれている正常なホルモン作用に影響を与える外因性の物質と定義される。正常なホルモンが結合すべき受容体(レセプター)に環境ホルモンが結合することにより,遺伝子が誤った指令を受けることになる。レセプターとは,ホルモンなどの生理活性物質に対する受容体であり,通常,これは特定の相手とだけ結合して生理作用を示す。環境ホルモンがレセプターと結合して生じる反応には,本来ならば制御されているべき遺伝子が活性化される場合と,逆に本来のホルモン作用が阻害される場合がある。活性化が起こる場合には,図5.5に示すように,環境ホルモンがエストロゲン(女性ホルモン)レセプター(ER)に結合してエストロゲンと類似の作用を引き起こすことになる。また,ダイオキシン類については,芳香族炭化水素レセプター(AhR)に結合することによって遺伝子の活性化や間接的なエストロゲン作用を引き起こすとも考えられている。

現在のところ,環境ホルモンと疑われる化学物質は約65物質ある。それら

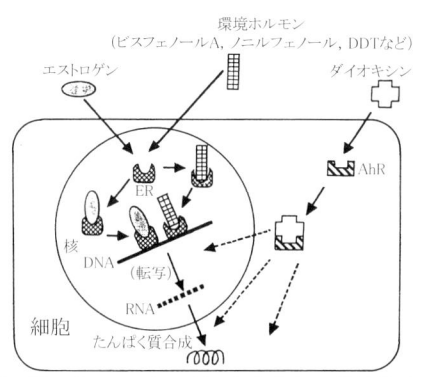

ER（エストロゲンレセプター）：エストロゲンと結合して遺伝子（DNA）を活性化させる
AhR：芳香族炭化水素レセプター

図5.5　環境ホルモン作用としてのエストロゲン類似の作用機構およびダイオキシン類の作用機構（出典：森千里著：胎児の複合汚染, 中公新書, pp.48-49（2002）に一部追加した）

は，用途によってプラスチックの原料または可塑剤（例えばビスフェノール A，フタル酸ビス（2-エチルヘキシル）など）や界面活性剤の原料（ノニルフェノール，オクチルフェノール）などの工業用に用いられている物質，および 2,4-ジクロロフェノキシ酢酸，シマジン，トリフルラリンなどの農薬類に分けられる。農薬類には，現在国内で製造または使用がなされていない物質も約20物質（ヘキサクロロベンゼン，ペンタクロロフェノール，DDT など）あげられている。さらに，ダイオキシン類やベンゾ(a)ピレンのように燃焼により非意図的に生成する物質，代謝物として生成する物質，かつて使用された工業薬品で現在は使用されないPCBや有機スズ化合物なども含まれる。図5.6には，これらのうち，工業用に用いられるアルキルフェノール類ほか代表的な物質の化学構造を示した。なお，ノニルフェノールについては，環境省により，環境ホルモンとしての疑いがかなり強いとの見解が示されている。

　環境ホルモンが生体に与える作用の特徴として指摘されるのは，1) 作用の標的が多様であること，2) 用量と反応の関係が，低用量域まで単純に外挿できるものでなく，逆に低用量域で反応が大きくなる可能性があること，3) 胎生期に

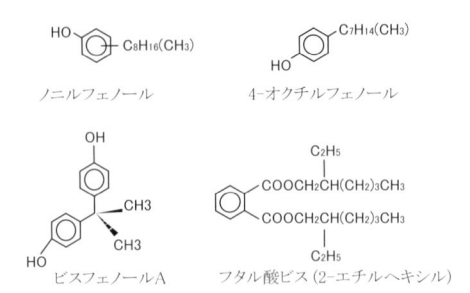

図 5.6 環境ホルモンの一例としてのアルキルフェノール類などの化学構造

ホルモンへの感受性が高い時期があり，また暴露を受ける時期と影響のあらわれる時期に大きな差があることである[5]。

野生生物に対する環境ホルモンの影響でこれまでに指摘されたことは，表5.4のようである．オスがメス化することをはじめ個体数の減少などさまざまな影響が，魚類やほ乳類などの種を越えて報告されている．原因が特定の化学物質によると推定されている例もあるが，むしろ原因不明とされているもののほうが多い．あるいは，個別物質は非常に低濃度であってもそれらが複合して影響を及ぼすこともあるかもしれない．このような複合汚染は化学物質の影響を考える場合たいへん重要な論点と思われるが，複雑でよくわかっていない点が多い．

環境ホルモンが人に及ぼす影響については，野生生物の場合に比較して不明なことが多い．健康上の障害が起こっていると断言することはできない．現状は問題の指摘と解釈されるが，人の生殖系については，精子数の減少，停留精巣などの増加，出生男女比の変化といった異変が指摘されている．これについては関連する事実として，1976 年にイタリアのセベソで起きた農薬工場の爆発事故で，不純物として含まれ飛散したダイオキシン類に暴露された住民から生まれた子どもには女子が多いといわれている[5]。このほか，神経系，内分泌系，免疫系に対する影響もある．留意すべき点は，環境ホルモンは胎児期，新生児期の感受性が高く，また影響のあらわれ方が不可逆的な可能性があるということと思われる．

環境ホルモンと疑われる化学物質の個々については，環境のなかでの挙動と

いう観点から多様な性状を持っているので，環境排出の低減対策をとる場合，または汚染環境の修復を行う場合において，性状をよく知ったうえで対策を立てる必要がある。

表5.4 環境ホルモンが野生生物に与える影響

生物		場所	影響	疑われる原因物質
貝類	イボニシ	日本の海岸	雄性化	有機スズ化合物
魚類	ニジマス	英国の河川	雌性化，個体数減少	ノニルフェノール，人畜尿中エストロゲン
	ローチ（鯉科）	英国の河川	雌雄同体化	ノニルフェノールほか
	サケ	米国の五大湖	甲状腺過形成，個体数減少	不明
は虫類	ワニ	米フロリダ州アポプカ湖	オスのペニス矮小化，卵のふ化率低下，個体数減少	湖内に流入したDDTなどの有機塩素系農薬
鳥類	カモメ	米国の五大湖	雌性化，甲状腺の腫瘍	DDT, PCBなど
	メリケンアジサシ	ミシガン湖	卵のふ化率低下	
ほ乳類	アザラシ	オランダ	個体数減少，免疫能の低下	PCB
	シロイルカ	カナダ		
	ピューマ	米国	精巣停留*，精子数減少	不明
	ヒツジ	オーストラリア	死産の多発，奇形の発生	クローバー由来植物エストロゲン

* 胎児期の精巣は出生時に近くなるにつれて陰嚢のなかに下がってくる。この段階がうまくいかず，腹部などに精巣が止まった状態をいう。

5.2 環境のなかでの化学物質

5.2.1 環境のなかでの化学物質挙動とモデル化

化学物質は，いったん環境に放出されると，各環境媒体の内部または異なる媒体間で分配され，相互の移動を生じたり，変換作用などを受けたりする。このような挙動を比較的単純な仮想環境を用いて考察するとき，それぞれを均一な相として区切った範囲はコンパートメントとよばれる。これには，図 5.7 に示すように大気，水，土壌および水コンパートメント底部の底質が主要であるが，陸上の植物体，水中の生物（魚），懸濁物質および大気中のエアロゾルを加えることもある。体積の大きさからは大気以下4コンパートメントの占める割合が圧倒的に大きい。化学物質は，それが固有に持つ物理化学的な性状に従って上記の分配，移動変換過程などを経ていく。このとき，コンパートメントの地理的な特質，気象などに基づく物理的な流動も影響因子となる。地理的な特質には，土壌に含まれる有機性の炭素が化学物質（とくに非極性物質）の吸着に支配的であることから，この有機性炭素の含有率などがある。

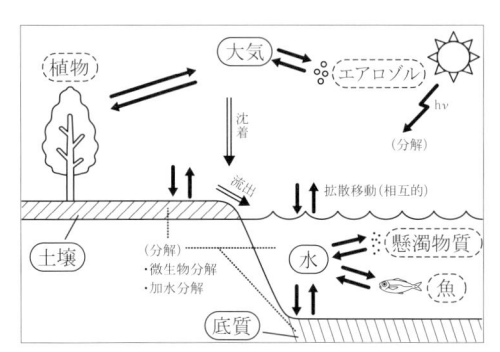

図 5.7 環境コンパートメント中での化学物質の主な分配・移動および分解過程

5.2.2 環境挙動理解のための物理化学性状
(1) 環境中 2 相間での化学物質の分配

一般に相とは，純物質が物理的に明確な境界によって他と区別される均一な

状態にあるものをいう。気体，固体，液体の各状態がそれぞれ気相，液相，固相とよばれる。

いま，例えば気体としての大気中にある物質 i が含まれ，この大気が液体としての水（やはり物質 i を含む）と接しており，一定温度で十分な時間が経過すると，この物質 i に関して大気，水の 2 相（相 1 および相 2）間で平衡状態に達し，平衡定数 K_{i12} が，

$$K_{i12} = \frac{相1中の物質 i の濃度}{相2中の物質 i の濃度} \tag{5.1}$$

のように定義される。ただし，物質 i は各相のなかで均一に存在，または溶解していると考える（濃度は通常十分に希薄であるとする）。

(2) 水への溶解度，蒸気圧と大気 - 水間の分配

水と化学物質の相互関係は，環境のなかに放出された化学物質の挙動に大きく影響する。水への溶解度（飽和溶解度：S_W）は，化学物質が水中にとどまろうとする性質を表すもっとも直接的な指標である。図 5.8 に示すように，環境面で重要な化学物質の水への溶解度は，異なる物質グループ間で，また同じ物質グループ内でも値が幅広く分布している。

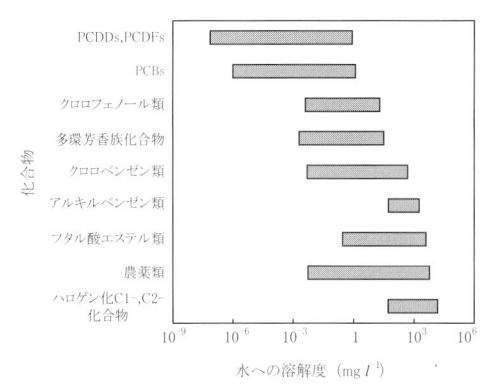

図 5.8 主な化合物の水への溶解度の分布

ここで，大気中での化学物質の挙動を理解するために，まず，気体の性質について知っておく必要がある。

　気体はどのような形の容器でもそのなかで一様に分布し，閉じこめられた気体は容器の壁に圧力を及ぼす。圧力は単位面積あたりの力で定義され，その単位は，SI 単位系で 1 Pa=1 N m^{-2} である。従来からよく用いられる気圧(atm)と Pa との換算は，1 atm が 1.01325×10^5 Pa となる。温度が一定のとき，気体の体積と圧力の間にはその積が一定になるというボイルの法則が成り立ち，圧力が一定のとき，体積と温度との間には温度の上昇に比例して体積が増加するシャルルの法則が成り立つ。この 2 法則と，体積は気体のなかに含まれる粒子数に比例することと合わせて一般化すると，次のような関係が成り立つ。

$$PV = nRT \tag{5.2}$$

　これを理想気体の状態方程式という。ここに，n は mol 数，R は気体定数とよばれ，8.3145 J mol^{-1} K^{-1}（または，0.08206 l·atm mol^{-1} K^{-1}）である。2 種類以上の気体 A（n_A mol），B（n_B mol），…が混ざった混合気体では，各気体について $p_A = n_A RT/V$，$p_B = n_B RT/V$，…を得る。この p_A，p_B，…を気体 A，B の分圧という。

　さて，図 5.9 のように閉じた容器のなかに純粋な化学物質，例えばベンゼンの液体が，通常の温度のもとで封じ込められた状態を考えてみよう。添加した瞬間は気相部分には空気の分子しかなかったとしても，しばらくするとベンゼンの分子が飛び交うようになり，やがて十分に時間がたって液体の表面から気化する粒子の数と，再び液体のなかに入り込む液化粒子の数が等しくなって平衡状態になる。これを気液平衡といい，このとき気体の示す圧力が蒸気圧である。この蒸気圧を P^0 と表すと，物質の蒸発熱（ΔH_{va}）が一定の範囲（たとえば 0～30℃）であれば，温度への依存性が次式のように表される。

$$\ln P^0 = -\frac{B}{T} + A \tag{5.3}$$

　ここに T は絶対温度（K），$B = \Delta H_{vap}/R$（R は気体定数），A は定数である。

5.2 環境のなかでの化学物質

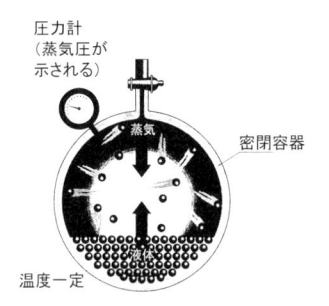

図5.9 気液間の平衡の模式図（出典：竹内敬人著：化学入門コース 1 化学の基礎, p.116, 岩波書店（1996））

【例題】

ナフタレン（◯◯）の蒸気圧は，25℃において 10.4 Pa である。理想気体としてふるまうとしたとき，気相におけるナフタレンの濃度を求めよ。

解答

濃度を C で表すと，mol 数 n，体積 V から，$C = n/V$ となる。状態方程式（$PV=nRT$）を用いると，

$$C = P^0/RT$$

となる。$T = 298$ K であることから，

$$C = 10.4/(8.314 \times 298) = 4.2 \times 10^{-3} \text{ mol m}^{-3} = 540 \text{ mg m}^{-3}$$

大気環境と水環境の間に生じる物質の分配と移動は，環境内での化学物質のさまざまな運命に影響を与える非常に重要な過程である。たとえば，大気と雨水の間での物質交換，大気と河川水，湖沼水，海水との間の物質交換，さらに土壌内の間隙空気と間隙水との物質交換を考えることが可能である。

水中でイオン化することのない中性の化合物が希薄な濃度で存在するとき，大気‐水間の分配平衡は，次式のヘンリーの法則によって表される。

$$K_H = \frac{P_i}{C_W} \tag{5.4}$$

ここに，K_H はヘンリー則定数(Pa m^3 mol^{-1})，P_i は物質 i の大気中の分圧(Pa)，

C_W は水中における濃度（mol m^{-3}）である．この法則によれば，大気中に含まれる物質 i の分圧が増すほどその成分の水中濃度は増大する．

環境内での化学物質の分配性を評価する場合などのように実際的な応用を考える観点からは，大気，水ともに濃度を用いると便利な関係式が得られる．すなわち，大気中濃度 C_A（mol m^{-3}）を用いると，次のように無次元のヘンリー則定数（気液平衡定数）K_{AW} となる．

$$K_{AW} = \frac{C_A}{C_W} \tag{5.5}$$

K_H と K_{AW} との関係は，$P_i = (n_i/V)RT$ を用いることにより，次のようになる．

$$K_{AW} = \frac{K_H}{RT} \tag{5.6}$$

【例題】

クロロベンゼン（C_6H_5Cl）の 25℃におけるヘンリー則定数と気液平衡定数を求めよ．ただし，この温度での蒸気圧は，1.6×10^3 Pa（1.6×10^{-2} atm），水への溶解度は 4.5×10^{-3} mol l^{-1} とする．

解答
(5.4)，(5.6)式より，

$$K_H = \frac{1.6 \times 10^{-2} \text{ atm}}{4.5 \times 10^{-3} \text{ mol } l^{-1}} = 3.6 \text{ atm } l \text{ mol}^{-1} = 3.6 \times 10^2 \text{ Pa m}^3 \text{ mol}^{-1}$$

$$K_{AW} = \frac{3.6 \times 10^2 \text{ Pa m}^3 \text{ mol}^{-1}}{8.31 \text{ Pa m}^3 \text{ K}^{-1} \text{ mol}^{-1} \times 298 \, K} = 0.15$$

(3) 水 - 有機相間の分配

1900 年代はじめ，薬物の体内摂取の研究分野で，生体中の脂質の代理物質に，水と混合しない有機物である n-オクタノールが適当であるとして利用されるようになった．一方，環境のなかでの化学物質の挙動について，土壌，底質，

懸濁物質といった自然界にある固体あるいは生体と水との間における非極性物質の分配は，水と有機性成分との間の分配とみなすことができる。土壌ほかの固体中の有機相がn-オクタノールに対応した相互関係を示す。この相互関係は，水 - 有機溶媒間の分配を決める要因が水 - 自然界有機相間の分配をも決定することから成り立っている。大気 - 水間の分配と同様に，次式のように水 - 有機相間の分配平衡を表すことができる。

$$K_{OgW} = \frac{C_{Og}}{C_W} \tag{5.7}$$

ここに，C_{Og}は有機相中の物質濃度（mol l^{-1}）である。有機相としてn-オクタノールを用いれば，

$$K_{OW} = \frac{C_O}{C_W} \tag{5.8}$$

となる。C_Oはオクタノール相中の物質濃度（mol l^{-1}）である。K_{OW}はオクタノール - 水分配係数とよばれ，疎水性の程度を表す指標としてひろく用いられる。これは脂質への溶解性を直接に表すのではなく，水と脂質（有機相）の2相が接しているときに物質がどれだけ水をきらって有機相へ分配していこうとするかを表している。

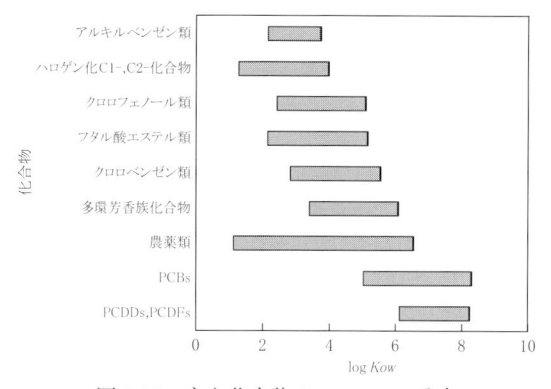

図5.10 主な化合物の log K_{OW} の分布

K_{OW}は化学物質により概略0.1から10^8までの間にあるため，通常，対数をとって$\log K_{OW}$として表示される。図5.10は，主な化学物質のK_{OW}（常用対数値で表示）を表している。テトラクロロエチレンなどの脂肪族ハロゲン化合物のK_{OW}は比較的小さく，PCBやダイオキシン類（PCDDs, PCDFs）のそれは非常に大きいことがわかる。

水への（飽和）溶解度（S_W）とK_{OW}との間には，多種類の化合物に関する測定に基づいて，

$$\log K_{OW} = -a \log S_W + b \qquad (a, b：定数) \tag{5.9}$$

なる関係が得られる。表5.5には，主な化学物質グループについて得られているaおよびbの値を示した。化合物の種類によって関係式は異なることがわかる。

表5.5 オクタノール-水分配係数と水への溶解度間の関係例（25℃）

化合物	$(\log K_{OW} = -a \log S_W + b)^*$		適用される$\log K_{OW}$の範囲	R^2	n
	a	b			
アルカン類	0.85	0.62	3.2〜6.3	0.98	112
アルキルベンゼン類	0.94	0.60	2.1〜5.5	0.99	15
多環芳香族化合物類	0.75	1.17	3.3〜6.3	0.98	11
クロロベンゼン類	0.90	0.62	2.9〜5.8	0.99	10
フタル酸類	1.09	-0.26	1.5〜7.5	1.00	5
PCBs	0.85	0.78	4.0〜8.0	0.92	14
PCDDs	0.84	0.67	4.3〜8.0	0.98	13

* S_Wの単位はmol l^{-1}
（出典：R. P. Scwarzenbach, P. M. Gschwend, D. M. Imboden, Environmental Organic Chemistry - Second Edition, p.225, John Wiley & Sons, Inc. (2003)を一部改変した）

化学物質が水と固相，すなわち土壌または底質との間の相互作用により移動を生じる過程は，大気-水間の移動と並んで非常に重要である。この過程は，吸着またはややひろい意味で収着とよばれる。図5.11を見てほしい。水中に自由に溶解している物質は，上部にある大気との間の移動を生じるが，固相（粒

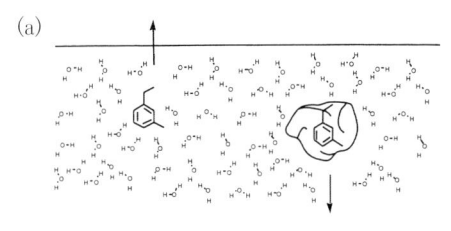

溶解分子:揮発　固体吸着分子:沈降

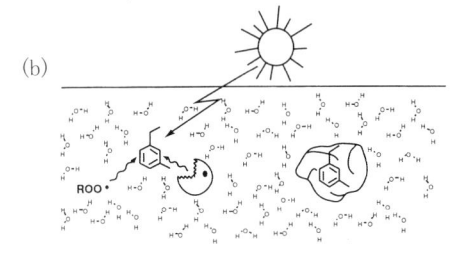

溶解している有機化合物分子は，吸着した分子よりも，光，
他の水中化学種および微生物からの影響を受けやすい

図5.11　吸着された化学種が溶解している化学種と異なる挙動をとる概念図
(a) 溶解成分と吸着成分の状態の違い
(b) 反応性の違い
出典：R.P. Schwarzenbach, P.M.Gschwend, D.M.Imboden, Environmental Organic Chemistry - Second Edition, p.278, John Wiley & Sons, Inc. (2003)を一部改変

子）に吸着した物質は下方に沈降していくことになる。また，溶解している物質は太陽光を受けて光分解を生じたり，微生物分解を受けたりする可能性が高いが，固相に吸着した物質はそのような反応が，少なくとも遅くなりやすいし，事実上起こらないかもしれない。したがって，化学物質の挙動としては非常に大きな違いを生じるのである。

　固相中の化学物質濃度 C_S（mol kg^{-1} または mg kg^{-1}）と平衡にある水中濃度 C_W（mol l^{-1} または mg l^{-1}）との関係は，3.3節で述べた活性炭吸着における吸着平衡と同様になり，通常，フロイントリッヒ式で表される。

$$C_S = K\,C_W^{1/n} \tag{5.10}$$

Kはフロイントリッヒ定数であり，nは非線形の程度を表す。C_Wが非常に低

濃度の範囲（環境のなかの濃度は一般に非常に低いと考えてよい）では $n=1$，すなわち線形の関係が成り立つとみなせる場合が多い。そこで上式は，

$$K_d = \frac{C_S}{C_W} \tag{5.11}$$

となり，固相中の濃度と水相中の濃度の比で吸着係数 K_d（mol kg^{-1}/ mol l^{-1} = l kg^{-1}）が定義される。

　土壌や底質への化学物質の吸着は，これらの固体中に含まれるフミン質などの天然有機物が関与していることがわかっている。すなわち，天然有機物が有機相としての役割を果たすことになる。そのため，この有機相（とくに有機物中の有機炭素）への吸着係数を K_{OC} とすると，下式のように水への溶解度およびオクタノール - 水分配係数との間に

$$\log K_{OC} = -a \log S_W + b \tag{5.12}$$
$$\log K_{OC} = c \log K_{OW} + d \tag{5.13}$$

なる関係が成り立つ。a から d は定数である。例として，多環芳香族化合物に関しては，$\log K_{OW}$ が 2.2 から 6.4 までの範囲で $\log K_{OC} = 0.98 \log K_{OW} -0.32$（$n=14$，$R^2 =0.99$）が得られている [6]。

　オクタノール - 水分配係数はまた，オクタノールが生体中の脂質を代替するとみなせることから，魚への濃縮すなわち濃縮係数（生物濃縮係数：BCF とよばれる）とも関係がある。

(4) 分配係数間の関係

　気液平衡定数，オクタノール - 水分配係数のほかにオクタノール - 大気分配係数 $K_{OA} = C_O/C_A$ がある。大気と植物との間での化学物質の分配を考慮する場合に有用である。これら各係数の関係を図 5.12 に示す。同時に係数値の異なる物質を例に，K_{AW}，K_{OW} および K_{OA} を示した。揮発性化合物のベンゼンと，かつて農薬として用いられた DDT などの残留性の強い化合物とでは分配上の特性が大きく異なることが容易に理解できるであろう。

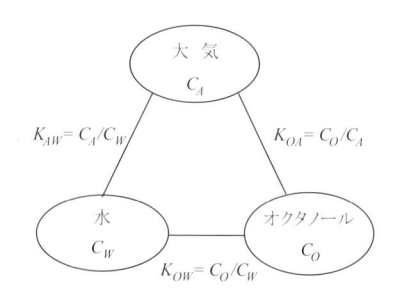

5.2 環境のなかでの化学物質　　　181

```
           大 気
            C_A
      /           \
K_AW=C_A/C_W    K_OA=C_O/C_A
    /               \
   水                オクタノール
   C_W              C_O
      \           /
       K_OW=C_O/C_W
```

係数	ベンゼン	ヘキサクロ ロベンゼン	DDT	HCH (γ-BHC)
K_{AW}	0.22	0.053	9.5×10^{-4}	6.0×10^{-5}
K_{OW}	135	316000	1550000	5000
K_{OA}	610	6.0×10^{6}	1.6×10^{9}	8.3×10^{7}

図5.12　大気‐水‐オクタノール3相間での分配係数の関係と係数の例

(5) 化学物質の分解

　化学物質は，環境のなかで種々の反応機構によって分解（他の物質への変換）を受ける．その機構の主な内訳は，化学反応，光化学反応および（微）生物学的反応である．化学反応には，酸化，還元，加水分解，置換反応などがある．光化学反応には，太陽光の照射を受けて起こる直接的な光分解，および光照射により生成する反応性の高い化学種（例えばヒドロキシルラジカル：・OH）の攻撃を受けて生じる間接的な分解がある．微生物による変換は，多くの化学物質を二酸化炭素と水という最終的に安定で無害な物質に変換する能力を持った唯一といってよい過程である．このように，光と微生物が介在しない系での反応はすべて化学反応と分類できるが，実際の環境のなかでは微生物分解過程のなかの素過程に加水分解が含まれるなど複合的である．

　分解反応を化学物質の挙動要素として考える場合には，反応がどれだけの速さで起こるかを知る必要がある．したがって，異なる2相間での平衡が瞬時に成立すると仮定する場合と扱いは異なる．

　いま，水中の化学物質がその分解反応により濃度の減少を生じるとき，濃度 C の変化は時間 t に対して，(3.8)式と同様の一次反応速度式で表される．初濃度を C_0，k を速度定数とすると，

$$\ln \frac{C_0}{C} = kt \tag{5.14}$$

と表される。ここで，濃度が半減する時間すなわち $C = C_0/2$ となる時間を半減期 $t_{1/2}$ [T] とすると，

$$t_{1/2} = \frac{\ln 2}{k} = \frac{0.693}{k} \tag{5.15}$$

なる関係が得られ，半減期は初濃度に依存しないことがわかる。分解による濃度の減少速度は，k または半減期で表示される。

　表 5.6 には，主な化学物質の物理化学的性状値および半減期を示した。半減期は(h)を単位とした概略値である。半減期は環境のなかでの残留性を示す尺度になる。表中の値の例ではヘキサクロロベンゼンの水中での半減期が約6年であり，非常に長期間残留する物質であることがわかるであろう。

表5.6　化学物質の物理化学的パラメーターの例（25℃）

物　質	分子量	融点 (℃)	蒸気圧 (Pa)	水への溶解度 ($g\ m^{-3}$)	log K_{OW}	半減期(h)	
						大気中	水中
ベンゼン	78.11	5.53	12700	1780	2.13	17	170
トルエン	92.13	-95	3800	515	2.69	17	550
ニトロベンゼン	123.11	5.6	20	1900	1.85	5	1700
クロロベンゼン	112.6	-45.6	1580	484	2.8	170	1700
1,4-ジクロロベンゼン	147.01	53.1	130	83	3.4	550	1700
1,2,3,4-テトラクロロベンゼン	215.9	47.5	4	7.8	4.5	1700	5500
ヘキサクロロベンゼン	284.8	230	0.0023	0.005	5.5	7350	55000

物 質	分子量	融点 (℃)	蒸気圧 (Pa)	水への溶解度 ($g\,m^{-3}$)	log K_{OW}	半減期(h) 大気中	半減期(h) 水中
ブロモベンゼン	157.02	-30.8	552	410	2.99	170	1700
ジクロロメタン	84.94	-95	26222	13200	1.25	1700	1700
1,2-ジクロロエタン	98.96	-35.36	10540	8606	1.48	1700	1700
トリクロロエチレン	131.39	-73	9900	1100	2.53	170	5500
テトラクロロエチレン	165.83	-19	2415	150	2.88	550	5500
1-ペンタノール	88.15	-78.2	300	22000	1.5	55	55
ナフタレン	128.19	80.5	10.4	31	3.37	17	170
アントラセン	178.2	216.2	0.001	0.045	4.54	55	550
ベンゾ(a)ピレン	252.3	175	7×10^{-7}	0.0038	6.04	170	1700
ビフェニル	154.2	71	1.3	7	3.9	55	170
PCB-52	292	87	0.0049	0.03	6.1	1700	55000
2,3,7,8-TCDD	322	305	2×10^{-7}	1.9×10^{-5}	6.8	170	550
OCDD	460	322	1.1×10^{-10}	7.4×10^{-8}	8.2	550	5500
2,4-ジクロロフェノール	163	44	12	4500	3.2	550	550
ペンタクロロフェノール	266.34	190	0.00415	14	5.05	550	550
フタル酸ジ-n-ブチル	278.34	-35	0.00187	11.2	4.72	55	170

物　質	分子量	融点 (℃)	蒸気圧 (Pa)	水への溶解度 ($g\,m^{-3}$)	log K_{OW}	半減期(h) 大気中	半減期(h) 水中
フタル酸ビス（2-エチルヘキシル）	390.54	-50	1.3×10^{-5}	0.285	5.11	55	170
クロルピリホス	350.6	41	0.00227	0.73	4.92	17	170
p,p'-DDT	354.5	108.5	0.00002	0.0055	6.19	170	5500
γ-BHC	290.85	112	0.00374	7.3	3.7	1040	17000
マラチオン	330.36	2.9	0.001	145	2.8	17	55
シマジン	201.7	8.5×10^{-6}	225	5	2.18	55	550

（出典：D. Mackay, Multimedia Environmental Models The Fugacity Approach Second edition, pp.44-48, Lewis Publishers（2001））

コラム 化学的変換過程としての酸化・還元反応および加水分解反応：

酸化とはある物質が酸素と化合することまたは水素を失うことをいうが，一般にはひろく電子を奪われる化学変化をいう。還元は逆に，酸素を失うこと，水素を得ること，電子を得る変化をいう。電解質の反応，水質試験における COD の化学的原理および水の生物学的処理などに関連して非常に重要な過程である。還元による変換の例として，下記のように，ニトロベンゼンは還元作用を持つ物質（還元剤）によって化学的または生物化学的にアニリンに変換される。

C₆H₅–NO₂ + 還元剤 + 6H⁺ ⟶ C₆H₅–NH₂ + 被酸化物 + 2H₂O
ニトロベンゼン　　　　　　　　　　　アニリン

加水分解は，塩の場合，水が作用する結果それを構成する酸または塩基に分解する反応であり，有機化合物にかんしては，例えばエステルの場合，水の作用によって以下のように酸とアルコールに分解される。

フタル酸ジブチル + 2OH⁻ ⟶ フタル酸 + 2HO–C₄H₉

5.2.3 モデル化と濃度予測 [7)]
(1) モデル化の概念

モデル的な環境を設定し，化学物質の挙動を単純化して考えてみよう。そのために，各コンパートメントの内部は均一で十分に混合されているとの仮定を設ける。コンパートメントは固有の容積を持っており，化学物質の流入と流出が起こる。このため考慮する過程の前後における物質収支を計算するが，その基本は「化学反応の前後において，反応物の全質量と生成物の全質量は等しく，化学反応に際して質量の変化はない」という，18世紀フランスの化学者ラボアジェによる質量保存の法則である。

a. 閉じた系での定常状態

いま，容積が $100\,\mathrm{m}^3$ の大気と $20\,\mathrm{m}^3$ の水，$2\,\mathrm{m}^3$ の底質という三つのコンパートメントからなる仮想的な環境を考える。このなかに，1 mol のベンゼンが加えられたとする（ベンゼンが添加されたことによるコンパートメントの体積変化は無視できる）。大気，水，底質を表す添え字を A, W, Se とし，体積を $V(\mathrm{m}^3)$，濃度を C $(\mathrm{mol\,m^{-3}})$ で表すと，物質収支式は次式のようになる。

$$1 = V_A C_A + V_W C_W + V_{Se} C_{Se} = 100\,C_A + 20\,C_W + 2\,C_{Se} \tag{5.16}$$

ここで，C_A, C_W, C_{Se} の関係は，大気 - 水間の分配係数 K_{AW}，水 - 底質間の分配係数 K_{SeW} を考慮することより求められる。ここでは，それぞれ $C_A/C_W = 0.4$，$C_{Se}/C_W = 100$ としよう。すると(5.16)式は，

$$1 = 100 \times (0.4\,C_W) + 20\,C_W + 2 \times (100\,C_W) = 260\,C_W \tag{5.17}$$

よって，ベンゼンの分子量が 78 $(\mathrm{g\,mol^{-1}})$ であることから，

$$C_W = 1/260 = 0.0038\,\mathrm{mol\,m^{-3}} = 0.30\,\mathrm{g\,m^{-3}} \tag{5.18}$$
$$C_A = 0.4\,C_W = 0.0015\,\mathrm{mol\,m^{-3}} = 0.12\,\mathrm{g\,m^{-3}} \tag{5.19}$$
$$C_{Se} = 100\,C_W = 0.38\,\mathrm{mol\,m^{-3}} = 30\,\mathrm{g\,m^{-3}} \tag{5.20}$$

各コンパートメント内の全質量 (m_i) は，上記濃度と体積の積から

水： $m_W = V_W C_W = 0.077$ mol　　(7.7%)　　(5.21)
大気： $m_A = V_A C_A = 0.15$ mol　　(15%)　　(5.22)
底質： $m_{Se} = V_{Se} C_{Se} = 0.77$ mol　　(77%)　　(5.23)

となって，合計は 1mol になる（ただし，数字の丸め誤差がある）。このように，閉鎖系に外部から化学物質が流入したとき，各コンパートメントへ分配した量の合計は最初の流入量に等しい。

b. 開放系での定常状態

対象とする系に連続的に化学物質の流入と流出があり，反応による消失の可能性も考える。このとき，物質の収支は，全流入速度＝全流出速度として表され，mol h^{-1} または g h^{-1} 単位で表示する。

いま，完全に混合された 10^4 m^3 の池に 5 m^3 h^{-1} で水が流入・流出している。この水には 0.01 mol m^{-3} の濃度で化学物質が含まれているほかに，直接の流入が 0.1 mol h^{-1} ある。このような条件のもとに，池の内部でいかなる反応も損失も生じないとする場合，流出水中の化学物質の濃度を C mol m^{-3} とすると，

$$\underset{\text{全流入速度}}{5 \text{ m}^3 \text{ h}^{-1} \times 0.01 \text{ mol m}^{-3} + 0.1 \text{ mol h}^{-1}} = \underset{\text{全流出速度}}{5 \text{ m}^3 \text{ h}^{-1} \times C \text{ mol m}^{-3}}$$
$$= 5C \text{ mol h}^{-1} \quad (5.24)$$

であり，これは

$$0.15 \text{ mol h}^{-1} = 5C \text{ mol h}^{-1} \quad (5.25)$$

となるので，

$$C = 0.03 \text{ mol m}^{-3} \quad (5.26)$$

と求められる。よって，単位時間に流入（および流出）する絶対量は，$5 \times 0.03 = 0.15$ mol h^{-1} となる。

次に，この化学物質が一次反応速度式に従って池の内部で変換・消失していくと仮定した場合，水コンパートメントの体積を V，十分に混合された環境内

での濃度を C, 一次反応速度定数を $k = 10^{-3}\,h^{-1}$ とすると, 反応による流出量は, $VCk = 10^4 \times 10^{-3} C = 10\,C\,mol\,h^{-1}$ となる. 再度物質の収支を記すと,

$$\underset{\text{全流入速度}}{(0.05 + 0.1)\,mol\,h^{-1}} = \underset{\text{全流出速度}}{(5C + 10C)\,mol\,h^{-1}} = 15\,C\,mol\,h^{-1} \tag{5.27}$$

となる. したがって, 系内部での反応による消失があると, 流出濃度は小さくなり, $C = 0.01\,mol\,m^{-3}$ となる.

5.3 化学物質の環境リスクと管理

5.3.1 環境リスクの評価

リスク (risk) という言葉は, 日常生活でも交通機関の利用あるいは株式の投資などさまざまな場面で用いられる. 一般には, 危険に遭遇する可能性を意味するといえる. ここでは化学物質による環境汚染がもたらすリスクという趣旨で用いるが, 化学物質と危険はどのようにつながるのであろうか. それは段階ごとに考えると, 1) 化学物質が環境のなかに排出され, 2) 化学物質が環境のなかで移動するなどのふるまいをして, 3) 化学物質が人体に摂取されることであり, 確認すべきことは, 4) 化学物質にどれだけの毒性学的な影響があるのか, ということである. リスクは, 化学物質が本来持つ毒性の強さと暴露を掛け合わせたものに依存すると考えられる.

リスクの大きさを知って, それをもとに多面的に評価するための一連の方法をリスクアセスメントという. これは, 1) 有害性の確認, 2) 用量・反応アセスメント, 3) 暴露アセスメントおよび 4) リスクの判定, の四つの過程からなっている (図 5.13).

有害性の確認とは, 化学物質への暴露が健康に悪影響を及ぼす原因となるかどうかを定性的に判断する段階である. たとえば, 公的な機関によって示された発がん性についての定性的評価などが判断材料になる. 用量・反応アセスメントでは, 暴露量 (用量) と発がんなど特定の健康障害の発生確率との関係を明らかにしようとする. 通常は, 動物実験による高濃度暴露条件での用量・反

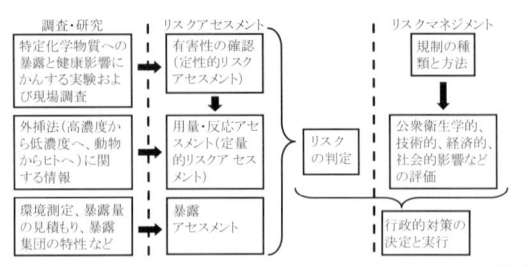

図5.13 化学物質についてのリスクアセスメントの構成

応関係をもとに，一般環境での低濃度の暴露環境での健康影響が推定される．低用量の場合の推定には，いろいろな数学モデルが用いられる．暴露アセスメントは，化学物質への対象集団の暴露状況を定量的に推定する作業であり，それには，環境濃度の測定値に基づく方法，モデルを応用した環境濃度の予測値に基づく方法がある．リスクの判定では，定性的・定量的リスクアセスメントおよび暴露アセスメントの各段階の結果に基づいて，総合的な判定が行われる．

一方，生態系に対するリスクの評価は人の健康リスク評価に比較して遅れている．しかし，環境ホルモンが野生生物にさまざまな影響を及ぼしていることが懸念されることなどから，生態系の保全を視点に加えた化学物質対策の必要性が認識され，検討されるようになった．

5.3.2 環境リスクの管理

化学物質による環境リスクは，できる限り減らしていかなければならない．そのためには，化学物質が製造，消費されそして廃棄されるという一連の過程において，環境への進入を規制し，また抑制する必要がある．工業薬品については，製造や輸入の前段階で「化学物質の審査及び製造等の規制に関する法律」（以下，化審法とよぶ）によって規制を設けている．1973年に作られたこの法律は，難分解の性状を有し，かつ，人の健康を損なうおそれのある化学物質による環境の汚染を防止するため，新規の化学物質の製造または輸入に際し，事前にその化学物質が環境汚染につながる性状を持つかどうかを審査する制度を設けるとともに，その性状などに応じ，化学物質の製造，輸入，使用などについて必要な規制を行うこととされている．さらに2003年の改正により，動植

物への影響に着目した審査・規制制度ほかが新たに導入された。

化審法の体系のなかで考慮され，試験法に具体化されている化学物質の有害性とは，以下の4項目である。

①分解性：好気性微生物による分解性で代表している。逆の概念は残留性である。

②蓄積性：生物（魚類）の体内への蓄積（濃縮）性である。

③毒性：継続的に摂取されたときの人への長期毒性である。

④生態毒性：動植物の生息・生育への支障のおそれである。

化審法では，難分解性，高蓄積性，毒性ありの物質を第1種特定化学物質として指定し，使用と輸入に関し事実上の禁止措置をとっている。PCB，ポリ塩化ナフタレン，ヘキサクロロベンゼン，アルドリン，ディルドリン，エンドリン，DDT，クロルデン類およびビス（トリブチルスズ）オキシドなど13種類がこれに該当する。新たに，難分解で高蓄積性と判明した既存化学物質が第一種監視化学物質とされ，これは有害性があると判定されると第一種特定化学物質に指定される。難分解性，高蓄積性でない，毒性ありの物質は第2種特定化学物質であり，製造，輸入予定数量などの届出，製造，貯蔵，使用などに関する技術上の指針遵守などが義務付けられている。トリクロロエチレン，テトラクロロエチレン，四塩化炭素，トリフェニルスズ化合物およびトリブチルスズ化合物など23種類がこれに該当する。第二種監視化学物質が800あまり指定され，新設の第三種監視化学物質と合わせて相当程度環境に残留することが見込まれる場合に長期毒性試験などを行って，必要な場合には第2種特定化学物質に移行される。

同様の視点から，とくに上記有害特性が強く懸念される化学物質について環境残留性有機汚染物質（Persistent Organic Pollutants：POPs）という把握で，次の物質が国際的な管理の対象として協調して削減されようとしている。この方向性は，2001年の残留性有機汚染物質に関するストックホルム条約において定められたものである。

①アルドリン，クロルデン，ディルドリン，エンドリン，ヘプタクロル，ヘキサクロロベンゼン，マイレックス，トキサフェン，PCB：製造，使用の原則禁止

②DDT：製造，使用の原則制限
③ダイオキシン，ジベンゾフラン，ヘキサクロロベンゼン，PCB：非意図的生成物質の排出の削減

POPs の削減対策が国際的に重要な課題となって進められる背景には，これらの化学物質が分解性の悪さ，すなわち環境残留性ほかの有害な特性を強く持つことに加え，半揮発性という性状を持つために，大気を媒体とした全地球規模での移動を生じることがあげられる。その結果，例えば熱帯地域で環境のなかに排出された POPs が極地域において凝縮し，海面や陸地に降下する結果，この地域に棲む野生生物および人の体内に POPs が濃縮されることにつながる。このような地球環境規模での移動の様子をとらえて，"Grasshopper（バッタ）効果"とよばれる。図 5.14 は，POPs がその物理化学性状によってどのような移動性の違いを生じるかを示している[8]。PCB は，多くの一般化学物質のなかでは大気への分配性の小さい化合物であるが，PCDDs，PCDFs に比較すると，むしろ大気による長距離移動性の大きい化合物である。

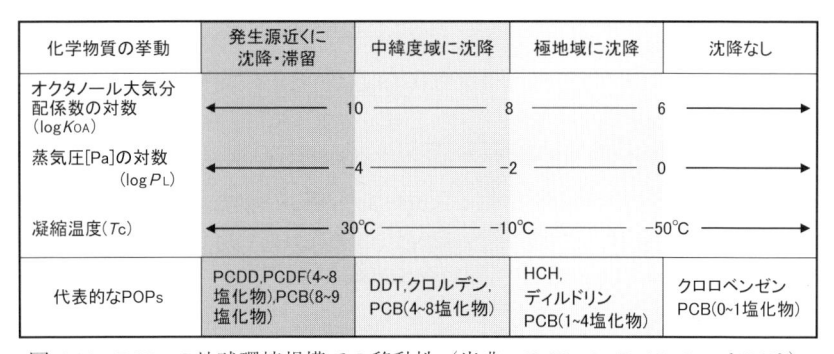

化学物質の挙動	発生源近くに沈降・滞留	中緯度域に沈降	極地域に沈降	沈降なし
オクタノール大気分配係数の対数（log K_{OA}）	← 10	8	6	→
蒸気圧[Pa]の対数（log P_L）	← −4	−2	0	→
凝縮温度（T_c）	← 30℃	−10℃	−50℃	→
代表的なPOPs	PCDD,PCDF(4~8塩化物),PCB(8~9塩化物)	DDT,クロルデン,PCB(4~8塩化物)	HCH,ディルドリンPCB(1~4塩化物)	クロロベンゼンPCB(0~1塩化物)

図 5.14　POPs の地球環境規模での移動性（出典：F. Wania, D. Mackay (1996)）

5.1.3項で述べたPRTR制度は，排出量や移動量を明らかにすることによって，排出事業者には排出の削減に向けた取り組みを促し，行政および住民の立場からは環境へのリスクを知るための重要な情報を得ることとなる。

環境リスクが法体系などによって管理される化学物質は，10万種に近いといわれる化学物質のうちのごく一部でしかない。まだ手が付けられていない多数

の化学物質の環境リスクを，どのように把握して管理するかが，次の世代のための大きな課題であることは間違いないであろう。

【演習問題】

1. PRTR 制度は，化学物質による環境リスク対策においてどのような意義を持っているか。

2. PCB とトリクロロエチレンを例に，化学物質の環境残留性と生体への蓄積性の相違について述べよ。

3. 内容積が 1 l で，漏れのないガラス容器に 500 ml の蒸留水が入っており，空間部の容積は 500 ml である。この内部に 10 μg のクロロベンゼンを封入して十分に時間が経過した後，温度が 25℃ の場合における水中と空気中のクロロベンゼンの濃度を求めよ。

4. 1,2,4-トリクロロベンゼン（下図）が水中に 10 nmol l^{-1} の濃度で溶解しているとき，水のなかを泳ぐニジマスの魚体中に平衡時に含まれることになる濃度はどれだけになると推算されるか。ただし，ニジマスを含む魚類の生物濃縮係数（BCF）とオクタノール-水分配係数（K_{OW}）との間には，下記の関係式が得られているものとする。

$$\log BCF = 0.85 \log K_{OW} - 0.70 \qquad (n=59, R^2=0.90)$$

$$BCF : \frac{\text{mol (g - 魚体)}^{-1}}{\text{mol (m}l\text{-水)}^{-1}}$$

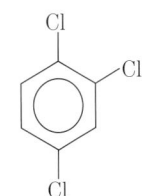

分子量: 181.5 g mol^{-1}
K_{OW} (25℃) : 10000

5. 大気（90 m^3），水（20 m^3），底質（1 m^3）および水中の魚（2 l）からなる閉じた系に分子量が 200 g mol^{-1} の農薬 0.04 mol が投入されたとする。各環境コン

パートメント間の濃度比が，大気/水 = 0.1，底質/水 = 50，生物/水 = 500 であるとすると，その濃度と絶対量はどれだけか。

【参考文献】

1) レイチェル・カーソン 青樹簗一訳：沈黙の春-生と死の妙薬-，新潮社（新潮文庫）(1977)
2) （社）環境情報科学センター編，環境省発行：PRTRデータを読み解くための市民ガイドブック-化学物質による環境汚染を減らすために-平成13年度集計結果から，pp.88-99 (2003)
3) シーア・コルボーン，ダイアン・ダマノスキ，ジョン・ピーターソン・マイヤーズ著 長尾力訳：奪われし未来，翔泳社 (1997)
4) デボラ・キャドバリー著 古草秀子訳：メス化する自然，集英社 (1998)
5) 森千里：胎児の複合汚染，中公新書，pp.39-111 (2002)
6) R. P. Schwarzenbach, P. M. Gschwend, D. Imboden : Environmental Organic Chemistry - Second Edition, pp.291-313, John Wiley & Sons, Inc. (2003)
7) Donald Mackay : Multimedia Environmental Models The Fugacity Approach -Second Edition, pp.5-28, Lewis Publishers (2001)
8) F. Wania, D. Mackay : Tracking the distribution of persistent organic pollutants, *Environ. Sci. Technol.*, Vol.30, 390A-396A (1996)

【参考とした Web ページ】

a) http://www.env.go.jp/chemi/prtr/risk0.html
b) http://www.env.go.jp/chemi/end/index.html

附表1　水質汚濁にかかわる環境基準（環境省告示）

別表1　人の健康の保護に関する環境基準（公共用水域および地下水）

項目	基準値	項目	基準値
カドミウム	0.003mg l^{-1} 以下	1,1,1-トリクロロエタン	1mg l^{-1} 以下
全シアン	検出されないこと。	1,1,2-トリクロロエタン	0.006mg l^{-1} 以下
鉛	0.01mg l^{-1} 以下	トリクロロエチレン	0.03mg l^{-1} 以下
六価クロム	0.05mg l^{-1} 以下	テトラクロロエチレン	0.01mg l^{-1} 以下
ヒ素	0.01mg l^{-1} 以下	1,3-ジクロロプロペン	0.002mg l^{-1} 以下
総水銀	0.0005mg l^{-1} 以下	チウラム	0.006mg l^{-1} 以下
アルキル水銀	検出されないこと。	シマジン	0.003mg l^{-1} 以下
PCB	検出されないこと。	チオベンカルブ	0.02mg l^{-1} 以下
ジクロロメタン	0.02mg l^{-1} 以下	ベンゼン	0.01mg l^{-1} 以下
四塩化炭素	0.002mg l^{-1} 以下	セレン	0.01mg l^{-1} 以下
1,2-ジクロロエタン	0.004mg l^{-1} 以下	硝酸性窒素および亜硝酸性窒素	10mg l^{-1} 以下
1,1-ジクロロエチレン	0.02mg l^{-1} 以下	ふっ素	0.8mg l^{-1} 以下
1,2-ジクロロエチレン	0.04mg l^{-1} 以下	ほう素	1mg l^{-1} 以下
		1,4-ジオキサン	0.05mg l^{-1} 以下

（備考）年間平均値により評価。ただし、全シアンについては最高値評価。

別表2　生活環境の保全に関する環境基準

1. 河川（湖沼を除く）

類型	利用目的の適応性	基準値				
		水素イオン濃度 (pH)	生物化学的酸素要求量 (BOD)	浮遊物質量 (SS)	溶存酸素量 (DO)	大腸菌群数
AA	水道1級，自然環境保全およびA以下の欄に掲げるもの	6.5以上 8.5以下	1mg l^{-1} 以下	25mg l^{-1} 以下	7.5mg l^{-1} 以上	50MPN/100ml以下
A	水道2級，水産1級，水浴およびB以下の欄に掲げるもの	6.5以上 8.5以下	2mg l^{-1} 以下	25mg l^{-1} 以下	7.5mg l^{-1} 以上	1,000MPN/100ml以下
B	水道3級，水産2級およびC以下の欄に掲げるもの	6.5以上 8.5以下	3mg l^{-1} 以下	25mg l^{-1} 以下	5mg l^{-1} 以上	5,000MPN/100ml以下
C	水産3級，工業用水1級およびD以下の欄に掲げるもの	6.5以上 8.5以下	5mg l^{-1} 以下	50mg l^{-1} 以下	5mg l^{-1} 以上	-
D	工業用水2級，農業用水およびEの欄に掲げるもの	6.0以上 8.5以下	8mg l^{-1} 以下	100mg l^{-1} 以下	2mg l^{-1} 以上	-
E	工業用水3級，環境保全	6.0以上 8.5以下	10mg l^{-1} 以下	ごみ等の浮遊が認められないこと。	2mg l^{-1} 以上	-

（備考）　1　日間平均値により評価
　　　　　2　農業用利水点については，水素イオン濃度6.0以上7.5以下，溶存酸素量5mg l^{-1}以上とする。
（注）　1　自然環境保全: 自然探勝等の環境保全
　　　　2　水道1級:ろ過等による簡易な浄水操作を行うもの
　　　　　　水道2級:沈殿ろ過等による通常の浄水操作を行うもの
　　　　　　水道3級:前処理等を伴う高度の浄水操作を行うもの
　　　　3　水産1級:ヤマメ，イワナ等貧腐水性水域の水産生物用並びに水産2級および水産3級生物用
　　　　　　水産2級:サケ科魚類およびアユ等貧腐水性水域の水産生物用および水産3級の水産生物用
　　　　　　水産3級:コイ，フナ等，β-中腐水性水域の水産生物用
　　　　4　工業用水1級:沈殿等による通常の浄水操作を行うもの
　　　　　　工業用水2級:薬品注入等による高度の浄水操作を行うもの
　　　　　　工業用水3級:特殊の浄水操作を行うもの
　　　　5　環境保全:国民の日常生活（沿岸の遊歩等を含む）において不快感を生じない限度

2. 湖沼（天然湖沼および貯水量 1,000 万 m^3 以上の人工湖）

ア

類型	利用目的の適応性	基準値				
		水素イオン濃度 (pH)	化学的酸素要求量 (COD)	浮遊物質量 (SS)	溶存酸素量 (DO)	大腸菌群数
AA	水道1級, 水産1級, 自然環境保全およびA以下の欄に掲げるもの	6.5 以上 8.5 以下	1mg l^{-1} 以下	1mg l^{-1} 以下	7.5mg l^{-1} 以上	50MPN/100ml 以下
A	水道2, 3級, 水産2級, 水浴およびB以下の欄に掲げるもの	6.5 以上 8.5 以下	3mg l^{-1} 以下	5mg l^{-1} 以下	7.5mg l^{-1} 以上	1,000MPN/100ml 以下
B	水産3級, 工業用水1級, 農業用水およびCの欄に掲げるもの	6.5 以上 8.5 以下	5mg l^{-1} 以下	15mg l^{-1} 以下	5mg l^{-1} 以上	-
C	工業用水2級, 環境保全	6.0 以上 8.5 以下	8mg l^{-1} 以下	ごみ等の浮遊が認められないこと	2mg l^{-1} 以上	

(備考) 1 日間平均値により評価
2 農業用利水点については，水素イオン濃度6.0以上7.5以下，溶存酸素量5mg l^{-1} 以上とする。

(注) 1 自然環境保全:自然探勝等の環境保全
2 水道1級:ろ過等による簡易な浄水操作を行うもの
水道2, 3級:沈殿ろ過等による通常の浄水操作，または，前処理等を伴う高度の浄水操作を行うもの
3 水産1級:ヒメマス等貧栄養湖型の水域の水産生物用並びに水産2級および水産3級の水産生物用
水産2級:サケ科魚類およびアユ等貧栄養湖型の水域の水産生物用および水産3級の水産生物用
水産3級:コイ，フナ等富栄養湖型の水域の水産生物用
4 工業用水1級:沈殿等による通常の浄水操作を行うもの
工業用水2級:薬品注入等による高度の浄水操作，または，特殊な浄水操作を行うもの
5 環境保全:国民の日常生活（沿岸の遊歩等を含む。）において不快感を生じない限度

イ

類型 \ 項目	利用目的の適応性	基準値 全窒素	基準値 全りん
I	自然環境保全および「以下の欄に掲げるもの	0.1mg l^{-1} 以下	0.005mg l^{-1} 以下
II	水道1, 2, 3級（特殊なものを除く）水産1級，水浴および」以下の欄に掲げるもの	0.2mg l^{-1} 以下	0.01mg l^{-1} 以下
III	水道3級（特殊なもの）および，以下の欄に掲げるもの	0.4mg l^{-1} 以下	0.03mg l^{-1} 以下
IV	水産2級およびVの欄に掲げるもの	0.6mg l^{-1} 以下	0.05mg l^{-1} 以下
V	水産3級，工業用水，農業用水，環境保全	1mg l^{-1} 以下	0.1mg l^{-1} 以下

(備考) 年間平均値により評価
(注)　1　自然環境保全:自然探勝等の環境保全
　　　2　水道1級:ろ過等による簡易な浄水操作を行うもの
　　　　　水道2級:沈殿ろ過等による通常の浄水操作を行うもの
　　　　　水道3級:前処理等を伴う高度の浄水操作を行うもの
　　　　　（「特殊なもの」とは，臭気物質の除去が可能な特殊な浄水操作を行うものをいう）
　　　3　水産1種:サケ科魚類およびアユ等の水産生物用並びに水産2種および水産3種の水産生物用
　　　　　水産2種:ワカサギ等の水産生物用および水産3種の水産生物用
　　　　　水産3種:コイ，フナ等の水産生物用
　　　4　環境保全:国民の日常生活（沿岸の遊歩等を含む）において不快感を生じない限度

3. 海域

ア

類型＼項目	利用目的の適応性	基準値				
		水素イオン濃度（pH）	化学的酸素要求量（COD）	溶存酸素量（DO）	大腸菌群数	n-ヘキサン抽出物質（油分）
A	水産1級，水浴，自然環境保全およびB以下の欄に掲げるもの	7.8以上8.3以下	2mg l^{-1} 以下	7.5mg l^{-1} 以上	1,000MPN/100ml以下	検出されないこと
B	水産2級，工業用水およびC以下の欄に掲げるもの	7.8以上8.3以下	3mg l^{-1} 以下	5mg l^{-1} 以上	-	検出されないこと
C	環境保全	7.0以上8.3以下	8mg l^{-1} 以下	2mg l^{-1} 以上	-	-

(備考) 1 日間平均値により評価
2 水産1級のうち，生食用原料カキの養殖の利水点については，大腸菌群数70MPN/100ml以下とする

(注) 1 自然環境保全:自然探勝等の環境保全
2 水産1級:マダイ，ブリ，ワカメ等の水産生物用および水産2級の水産生物用
　水産2級:ボラ，ノリ等の水産生物用
3 環境保全:国民の日常生活（沿岸の遊歩等を含む）において不快感を生じない限度

イ

類型＼項目	利用目的の適応性	基準値	
		全窒素	全りん
I	自然環境保全及び「以下の欄に掲げるもの（水産2種および3種を除く）	0.2mg l^{-1} 以下	0.02mg l^{-1} 以下
II	水産1種，水浴及び」以下の欄に掲げるもの（水産2種および3種を除く）	0.3mg l^{-1} 以下	0.03mg l^{-1} 以下
III	水産2種および，の欄に掲げるもの（水産3種を除く）	0.6mg l^{-1} 以下	0.05mg l^{-1} 以下
IV	水産3種，工業用水，生物生息環境保全	1mg l^{-1} 以下	0.09mg l^{-1} 以下

(備考) 年間平均値により評価
(注) 1 自然環境保全:自然探勝等の環境保全
2 水産1種　:底生魚介類を含め多様な水産生物がバランス良く，かつ，安定して漁獲される
　水産2種　:一部の底生魚介類を除き，魚類を中心とした水産生物が多獲される
　水産3種　:汚濁に強い特定の水産生物が主に漁獲される
3 生物生息環境保全:年間を通して底生生物が生息できる限度

要監視項目（1999年2月，環境庁水質保全局局長通知）

項目	指針値	項目	基準値
クロロホルム	0.06mg l^{-1} 以下	フェノブカルブ（BPMC）	0.03mg l^{-1} 以下
トランス-1,2-ジクロロエチレン	0.04mg l^{-1} 以下	イプロベンホス（IBP）	0.008mg l^{-1} 以下
1,2-ジクロロプロパン	0.06mg l^{-1} 以下	クロルニトロフェン（CNP）	-
p-ジクロロベンゼン	0.3mg l^{-1} 以下	トルエン	0.6mg l^{-1} 以下
イソキサチオン	0.008mg l^{-1} 以下	キシレン	0.4mg l^{-1} 以下
ダイアジノン	0.005mg l^{-1} 以下	フタル酸ジエチルヘキシル※	0.06mg l^{-1} 以下
フェニトロチオン（MEP）	0.003mg l^{-1} 以下	ニッケル	-
イソプロチオラン	0.04mg l^{-1} 以下	モリブデン	0.07mg l^{-1} 以下
オキシン銅（有機銅）	0.04mg l^{-1} 以下	アンチモン	-
クロロタロニル（TPN）	0.05mg l^{-1} 以下		
プロピザミド	0.008mg l^{-1} 以下		
EPN	0.006mg l^{-1} 以下		
ジクロルボス（DDVP）	0.008mg l^{-1} 以下		

（備考）　1　年間平均値により評価
　　　　　2　クロルニトロフェンほかについては，指針値は設けないが，引き続き要監視項目に位置付ける
※　フタル酸ジエチルヘキシルは，フタル酸ビス（2-エチルヘキシル）のことである

附表2　水道水の水質基準

健康に関する項目（29項目）

	項目名	基準	備考
1	一般細菌	1ml の検水で形成される集落数が 100 以下であること	病原生物
2	大腸菌群	検出されないこと	
3	カドミウム	0.01mg l^{-1} 以下	重金属
4	水銀	0.0005mg l^{-1} 以下	
5	セレン	0.01mg l^{-1} 以下	
6	鉛	0.01mg l^{-1} 以下	
7	ヒ素	0.01mg l^{-1} 以下	
8	六価クロム	0.05mg l^{-1} 以下	
9	シアン	0.01mg l^{-1} 以下	無機物質
10	硝酸性窒息および亜硝酸性窒素	10mg l^{-1} 以下	
11	フッ素	0.8mg l^{-1} 以下	
12	四塩化炭素	0.002mg l^{-1} 以下	一般有機化学物質
13	1,2-ジクロロエタン	0.004mg l^{-1} 以下	
14	1,1-ジクロロエチレン	0.02mg l^{-1} 以下	
15	ジクロロメタン	0.02mg l^{-1} 以下	
16	シス-1,2,ジクロロエチレン	0.04mg l^{-1} 以下	
17	テトラクロロエチレン	0.01mg l^{-1} 以下	
18	1,1,2-トリクロロエタン	0.006mg l^{-1} 以下	
19	トリクロロエチレン	0.03mg l^{-1} 以下	
20	ベンゼン	0.01mg l^{-1} 以下	
21	クロロホルム	0.06mg l^{-1} 以下	消毒副生成物
22	ジブロモクロロメタン	0.1mg l^{-1} 以下	
23	ブロモジクロロメタン	0.03mg l^{-1} 以下	
24	ブロモホルム	0.09mg l^{-1} 以下	
25	総トリハロメタン	0.1mg l^{-1} 以下	
26	1,3-ジクロロプロペン	0.002mg l^{-1} 以下	農薬
27	シマジン	0.003mg l^{-1} 以下	
28	チウラム	0.006mg l^{-1} 以下	
29	チオベンカルブ	0.02mg l^{-1} 以下	

水道水が有すべき性状に関連する項目（17項目）

	項目名	基準	備考
30	亜鉛	1.0mg l^{-1} 以下	重金属
31	鉄	0.3mg l^{-1} 以下	
32	銅	1.0mg l^{-1} 以下	
33	ナトリウム	200mg l^{-1} 以下	
34	マンガン	0.05mg l^{-1} 以下	
35	塩素イオン	200mg l^{-1} 以下	無機物質
36	カルシウム，マグネシウム等（硬度）	300mg l^{-1} 以下	
37	蒸発残留物	500mg l^{-1} 以下	
38	陰イオン界面活性剤	0.2mg l^{-1} 以下	有機物質
39	1,1,1-トリクロロエタン	0.3mg l^{-1} 以下	
40	フェノール類	0.005mg l^{-1} 以下	
41	有機物等（過マンガン酸カリウム消費量）	10mg l^{-1} 以下	
42	pH 値	5.8 以上 8.6 以下	基礎的性状
43	味	異常でないこと	
44	臭気	異常でないこと	
45	色度	5 度以下	
46	濁度	2 度以下	

(備考) 水道水が有すべき性状に関連する項目は，それぞれ次の要件から基準を設定した
〔色の要件〕　　亜鉛，鉄，銅，マンガン
〔においの要件〕1,1,1-トリクロロエタン，フェノール類
〔味覚の要件〕　ナトリウム，塩素イオン，カルシウム・マグネシウム等（硬度），蒸発残留物，有機物質（過マンガン酸カリウム消費量）
〔発泡の要件〕　陰イオン界面活性剤
〔基礎的性状〕　pH 値，味，臭気，色度，濁度

快適水質項目（13項目）

	項目名	目標値	備考
1	マンガン	0.01mg l^{-1} 以下	色
2	アルミニウム	0.2mg l^{-1} 以下	
3	残留塩素	1mg l^{-1} 程度以下	におい
4	2-メチルイソボルネオール	粉末活性炭処理 ：0.00002mg l^{-1} 以下 粒状活性炭等恒久施設 ：0.00001mg l^{-1} 以下	
5	ジェオスミン	粉末活性炭処理 ：0.00002mg l^{-1} 以下 粒状活性炭等恒久施設 ：0.00001mg l^{-1} 以下	
6	臭気強度（TON）	3以下	
7	遊離炭酸	20mg l^{-1} 以下	味覚
8	有機物質（過マンガン酸カリウム消費量）	3mg l^{-1} 以下	
9	カルシウム，マグネシウム等（硬度）	10mg l^{-1} 以上 100mg l^{-1} 以下	
10	蒸発残留物	30mg l^{-1} 以上 200mg l^{-1} 以下	
11	濁度	給水栓で1度以下 送配水施設入口で0.1度以下	濁り
12	ランゲリア指数（腐食性）	-1程度以上とし，極力0に近付ける	腐食
13	pH値	7.5程度	

監視項目（35項目）

	項目名	指針値	備考
1	トランス-1,2-ジクロロエチレン	0.04mg l^{-1} 以下	一般有機化学物質
2	トルエン	0.6mg l^{-1} 以下	
3	キシレン	0.4mg l^{-1} 以下	
4	p-ジクロロベンゼン	0.3mg l^{-1} 以下	
5	1,2-ジクロロプロパン	0.06mg l^{-1} 以下※	
6	フタル酸ジエチルヘキシル	0.06mg l^{-1} 以下	
7	ニッケル	0.01mg l^{-1} 以下※	無機物質・重金属
8	アンチモン	0.002mg l^{-1} 以下※	
9	ほう素	1mg l^{-1} 以下	
10	モリブデン	0.07mg l^{-1} 以下	
11	ウラン	0.002mg l^{-1} 以下※	
12	亜硝酸性窒素	0.05mg l^{-1} 以下※	
13	ホルムアルデヒド	0.08mg l^{-1} 以下※	消毒副生成物
14	二酸化塩素	0.6mg l^{-1} 以下	
15	亜塩素酸イオン	0.6mg l^{-1} 以下	
16	ジクロロ酢酸	0.02mg l^{-1} 以下※	
17	トリクロロ酢酸	0.3mg l^{-1} 以下※	
18	ジクロロアセトニトリル	0.08mg l^{-1} 以下※	
19	抱水クロラール	0.03mg l^{-1} 以下※	
20	イソキサチオン	0.008mg l^{-1} 以下	農薬
21	ダイアジノン	0.005mg l^{-1} 以下	
22	フェニトロチオン（MEP）	0.003mg l^{-1} 以下	
23	イソプロチオラン	0.04mg l^{-1} 以下	
24	クロロタロニル（TPN）	0.05mg l^{-1} 以下	
25	プロピザミド	0.05mg l^{-1} 以下	
26	ジクロルボス（DDVP）	0.008mg l^{-1} 以下	
27	フェノブカルブ（BPMC）	0.03mg l^{-1} 以下	
28	クロルニトロフェン（CNP）	0.0001mg l^{-1} 以下	
29	イプロベンホス（IBP）	0.008mg l^{-1} 以下	
30	EPN	0.006mg l^{-1} 以下	
31	ベンタゾン	0.2mg l^{-1} 以下	
32	カルボフラン	0.005mg l^{-1} 以下	
33	2,4-ジクロロフェノキシ酢酸（2,4-D）	0.03mg l^{-1} 以下	
34	トリクロピル	0.006mg l^{-1} 以下	
35	ダイオキシン類	1pg-TEQ l^{-1} 以下	非意図的生成物質

※ 暫定指針値（毒性評価の確定していない項目）

演習問題の解答例

第2章

1.

	地域環境問題	地球環境問題
環境影響の範囲	限定的（市町村規模以下）	極めて広範囲（地球的規模）
影響の進行速度	比較的急激	比較的緩やか
原因（排出）箇所	少数	極めて多数

　地球環境問題は直接的な影響の観察が難しく，また，将来影響の精度良い予測も困難である一方，原因物質の排出源はすべての国家に存在し，しかも，多岐，多数にわたる。したがって，その解決には国際的な協調が不可欠であるが，単純な排出抑制は経済的に大きな負担となる場合が多いため，その実現は極めて難しい。また，これまでの排出量の国家間相違，現状の大きな経済格差など，合意のための基準作りを難しくする要因が山積している。一方，地球環境問題はエネルギー消費量上昇とも直結しており，したがって，開発途上国の経済成長や人口増加にも深く関連する。同時に，その解決は個人や企業のモラルによるところも大きいと考えられ，出来る限り正確な関連情報の開示と適正な環境教育も重要である。

2.
　解答は本文2.1節を参照のこと。

3.
　ε_e が1の場合の地表平均気温は255 K（-18.2℃），地表平均気温が300 Kである場合の ε_e の値は0.522である。現在の大気の適度な温室効果によって，地表温度が地球の生態系に都合よく，かつ絶妙にコントロールされていることがわかる。

4.
解答は本文 2.4 節を参照のこと。

5.
解答は本文 2.5 節，2.6.1 項(1)，(2)を参照のこと。

第3章

1.
　水の有機汚濁を表す指標には BOD や COD などがあるが，それらの大きな特徴は総括的な指標であるということである。すなわち，含まれる有機化合物成分個々の濃度は明らかにせず，水中で起こる可能性のある酸素消費の多寡によって水の汚濁度を表示することに大きな特徴がある。
　また，測定原理上の制約から，有機汚濁の内容を正確に表せないことがある。たとえば，BOD の場合，微生物による有機物分解時に消費される酸素量を定量するため，微生物分解を受けにくい有機化合物や微生物に阻害を与える重金属などを含んでいる場合には，たとえ有機化合物濃度が高くても定量値が非常に低いことがあり得る。COD の場合には，酸化剤を利用するため，還元性の無機物質も同時に酸化の対象となることがある。

2.
　水域への混入の第一段階は，たんぱく質，アミノ酸という有機化合物としての窒素およびアンモニア性窒素（NH_4^+-N）である。有機性窒素は，まず，加水分解や微生物による酸化分解作用を受けて NH_4^+-N に変換される。NH_4^+-N は，高等動物によるにし尿汚染の存在および化学肥料の流入などがあることを示す。NH_4^+-N はその後，微生物の働きにより亜硝酸性窒素（NO_2^--N）および硝酸性窒素（NO_3^--N）に酸化され，安定な化学種となる。嫌気的な条件で，有機化合物のような電子供与体と反応して，NO_3^--N は窒素ガスに還元される。

3.
　以下のように1日あたりの汚濁負荷量が計算される。

排水の種類	排水量 ($l\,d^{-1}$)	汚濁負荷量 ($g\,d^{-1}$)				
		BOD	COD	SS	T-N	T-P
水洗便所排水	40	17	9	19	7	0.64
雑排水	185	30	13	16	1.5	0.35
生活排水（総合）	225	47	22	35	8.5	0.99

この結果をもとに雑排水の比率を求めると，BOD：64％，COD：59％，SS：46％，T-N：18％，T-P：35％となり，とくに BOD，COD で表される有機汚濁負荷に関し，生活排水のなかで雑排水の占める割合が高いことがわかる。

4.
従来の浄水処理方法は，懸濁成分の除去と消毒を主たる目的としている。これに対して高度浄水処理は，1) 水に溶解して存在し，消毒副生成物の生成要因となる前駆物質としての有機汚染物質やその他の微量化学物質を除去することを目的とすること，2) オゾンの強い酸化分解力，活性炭の吸着能あるいは生物学的な酸化分解能の利用など物理化学的・生物学的原理を応用した物質の除去または変換を行っていること，3) μm から nm の寸法の微細孔を持つ分離膜による，高度の分離能を応用した確実で効果の高い固液分離を行うことを特徴とする。

5.
(1) SS について，200 mg l^{-1} = 200 g m^{-3} であり，最初沈殿池での SS の除去率から，

$$200 \times 0.25\,(\text{g m}^{-3}) \times 80000\,(\text{m}^3\text{d}^{-1})/1000 = 4000\,(\text{kg d}^{-1})$$

答　4000 kg d^{-1} または 4 t d^{-1}

(2)
$$L_S = 80000 \times 220 \times (1 - 0.25)/\{2500 \times 20000\}$$
$$\fallingdotseq 0.26\,\{\text{kg - BOD}\,(\text{kg - MLSS})^{-1}\,\text{d}^{-1}\}$$
$$L_V = \{80000 \times 220 \times (1 - 0.25)/20000\} \times 10^{-3} = 0.66\,(\text{kg - BOD m}^{-3}\,\text{d}^{-1})$$

答　BOD-SS 負荷：0.26 kg-BOD (kg-MLSS)$^{-1}$ d^{-1}
　　BOD-容積負荷：0.66 kg-BOD m^{-3} d^{-1}

(3) (3.25)式から，
$$C_{RSS} = C_{MLSS}(R_S + 1)/R_S = 2500 \times (0.25 + 1)/0.25 = 12500\,(\text{mg}\,l^{-1})$$

答　12500 mg l^{-1}

6.
水の循環利用については，事務所ビルや工場などで使用された後の排水を高度処理することによって，水洗便所の洗浄水，冷房・冷却用水あるいは工程用水などと

しての再利用が積極的に行われるようになった。わが国でのこのような水の再利用の特徴は，1）個別循環方式が主体であること，2）とくにビルの場合の再生水用途は，水洗便所用水がほとんどであること，3）平均的な再生水の利用率は30%以下であること，4）水処理技術には膜分離法をはじめとする高度な技術が適用されていることなどである。今後は，再生水を都市における新たな水資源と位置付け，用途に適した水質の水供給をはかることなどにより，二重配管の課題などに留意しながら循環利用を拡大することが望まれる。一方，個別循環だけでなく，公共用水域を利用した開放系での水の循環を補強し，豊かな水環境を作り出すことも重要と考えられる。

第4章

1.

鉄鉱石から鋼の厚板を製造するために必要なエネルギーは約30 GJ t^{-1}，鉄鋼スクラップから製造する場合は約12 GJ t^{-1}である。一方，ボーキサイトからアルミニウム新地金を生産するために必要なエネルギーは約130 GJ t^{-1}，アルミ缶スクラップから再生地金を製造する場合は約4.4 GJ t^{-1}とされる。いずれも，スクラップから再生する場合の必要エネルギーが小さいが，アルミニウムのほうがその傾向が顕著である。ただし，これらの値は，スクラップの質（サイズ，酸化の程度，不純物の種類や濃度など）にも大きな影響を受ける。

2.

わが国で使用されている主な鉄鉱石の品位は約65%（酸化鉄(Fe_2O_3)濃度換算では約93%）程度と高い。鉄品位の5%低下を酸化鉄濃度に換算すると，約93%から86%への低下である。これは，酸化鉄以外の不純物（脈石とよぶ：SiO_2，Al_2O_3等）の濃度が，7%から14%へ2倍に増加することを示す。これによって，不純物を溶融するために必要な石灰(CaO)成分も2倍必要となり，副生するスラグ量も倍増する。したがって，スラグを加熱・溶融するための燃料増加，反応効率低下による生産率減少などが起こり，大きなコストアップが発生する。

3.

リサイクルの対象である金属片が小型化，薄片化することにより，比表面積が増加し，環境中，高温処理過程での酸化の影響を受けやすくなる。また，複合化の進行により，不純物の巻き込みが増加する。したがって，それぞれ再還元や不純物除去のために必要なフラックスやエネルギーが増加することになる。また，リサイクルの対象量が減少すれば，装置規模が小さくなり，エネルギー効率の低下などにより，生産効率が低下する場合が多い。

4.
　ダイオキシン類は，炭素（有機物）と塩素（有機および無機塩素化合物）を酸素共存下で加熱したときに生成する。炭素と塩素のいずれかの存在量を激減できれば，生成量は減少する。一方，図 4.35 に示したように，環境のなかに排出されるダイオキシン類の 90％以上は廃棄物焼却炉に由来する（詳細は，http://www.env.go.jp/air/report/h14-04/gaiyou.pdf などの排出インベントリーを参照）。これは，廃棄物中に両元素が存在し，分離が難しいためである。また，産業系の発生源を見ても，鉄鋼，亜鉛，アルミニウム等，基幹金属のリサイクルに関連するプロセスが大部分である。すなわち，ダイオキシン類の排出は廃棄物や素材のリサイクルと直結した問題といえる。
　ただし，各プロセスの操業の最適化，排ガスの高度浄化，塩素流入量の制御を徹底したことにより，ダイオキシン類の排出量はここ数年間で激減している。これに伴って，環境（大気，公共水域，土壌等）中の濃度にも顕著な低下が認められる。ダイオキシン類のような微量化学物質濃度をゼロにするということは科学的には不可能であり，人為的にゼロに近付けようとすればするほど，莫大なエネルギーや資源投入が不可欠となり，コストが指数関数的に増加する。また，これにより新たな環境負荷や資源問題を作り出すことも考慮しなければならない。したがって，ある程度の安全性が確保された条件下では，4.4 節で述べた LCA を含む，定量的な比較解析に基づく方策の決定が必要である。

第 5 章

1.
　PRTR では，事業活動からまたは自動車や農地などから環境のなかに排出される化学物質とその量が，大気，水，土壌の媒体別に集計される。環境リスクとは，化学物質が環境を経由して人の健康や生態系に負の影響を与える可能性である。この対策においては，リスクの大きさについて化学物質への暴露量の推算をもとに推定することとなる。暴露量を推算するには，化学物質の環境中濃度を実際に測定する方法および環境への排出量に基づいて予測計算する方法がある。PRTR 制度は，とくに排出量に基づく予測計算の基礎データとして重要な意義をもっている。

2.
　化学物質の環境残留性と生体への蓄積性は，それぞれ次の指標によって知ることができる。環境残留性については，各環境媒体中の半減期または分解速度定数が指標となる。表 5.6 から，トリクロロエチレンは大気中半減期が 170 時間，水中半減期が 5500 時間で比較的長いが，PCB52 はトリクロロエチレンよりさらに長い。したがって，環境残留性は両物質ともに大きいといえる。これに対して，蓄積性の指

標となるオクタノール-水分配係数（log K_{OW}）はトリクロロエチレンが2.5，PCB52が6.1でPCBのほうが約4000倍大きい。すなわち，蓄積性はPCBの方が非常に大きく，このことが重要な相違であるといえる。

3.
水相，気相の体積をそれぞれ V_w，V_a とし，濃度を C_w，C_a とすると，水相中のベンゼンの質量分率 f_w は，

$$f_w = \frac{水相中の質量}{全質量}$$

$$= \frac{C_w V_w}{C_w V_w + C_a V_a} = \frac{1}{1+\dfrac{C_a V_a}{C_w V_w}} = \frac{1}{1+K_{AW}\dfrac{V_a}{V_w}}$$

ここに，$K_{AW} = 0.15$（5.2.2 例題参照），$V_a/V_w = 1$ であることより，

$$f_w = \frac{1}{1+0.15} = 0.87$$

次に，系内の全質量を M_{tot} と表すと，

$$C_w = \frac{f_w M_{tot}}{V_w}$$

であり，$M_{tot} = 10\ \mu g$ であることから

$$C_w = \frac{0.87 \times 10}{0.5} = 17\ \mu g\ l^{-1}$$

同様にして，

$$C_a = \frac{(1-f_w) M_{tot}}{V_a} = \frac{(1-0.87) \times 10}{0.5} = 2.6\ \mu g\ l^{-1}$$

と求められる。なお，丸め誤差により，水相中の絶対量と気相中のそれとの合計は10になっていない。

4.
K_{OW} 値を式に代入すると,

$$\log BCF = 0.85 \log(10000) - 0.70 = 2.7$$

よって, $BCF = 10^{2.7} = 500$ となり, ニジマス体中の濃度は, $C_W = 10$ nmol l^{-1} であることより,

$$\begin{aligned} BCF \cdot C_W &= 500\,(\text{m}l\text{-水}(\text{g-魚体})^{-1}) \cdot 10 \times 10^{-12}\,\text{mol}(\text{m}l\text{-水})^{-1} \\ &= 5.0 \times 10^{-9}\,(\text{mol}(\text{g-魚体})^{-1}) \\ &= 9.1 \times 10^{-7}\,(\text{g}(\text{g-魚体})^{-1}) \\ &= 0.91\,(\mu\text{g}(\text{g-魚体})^{-1}) \end{aligned}$$

と求められる。また, これは約 1 ppm に相当する。

5.
濃度をそれぞれ大気:C_A, 水:C_W, 底質:C_{Se} および, 魚:C_B とすると, 物質収支式は,

$$0.04 = 90 C_A + 20 C_W + C_{Se} + 0.002 C_B$$

また,

$$\frac{C_A}{C_W} = 0.1 \qquad \frac{C_{Se}}{C_W} = 50 \qquad \frac{C_B}{C_W} = 500$$

上記各式から

$$\begin{aligned} 0.04 &= 90 \times 0.1 C_W + 20 C_W + 50 C_W + 0.002 \times 500 C_W \\ &= 80 C_W \end{aligned}$$

よって,

$$\begin{aligned} C_W &= 0.0005\,\text{mol m}^{-3} \quad \text{または} \quad 0.1\,\text{g m}^{-3} \\ C_A &= 0.00005\,\text{mol m}^{-3} \quad \text{または} \quad 0.01\,\text{g m}^{-3} \\ C_{Se} &= 0.025\,\text{mol m}^{-3} \quad \text{または} \quad 5\,\text{g m}^{-3} \\ C_B &= 0.25\,\text{mol m}^{-3} \quad \text{または} \quad 50\,\text{g m}^{-3} \end{aligned}$$

また, 魚体 (2 l) 中の絶対量についてのみ記すと, 0.0005 mol または 0.1 g となる。

索 引

ア

アジェンダ21　161
亜硝酸性窒素　58
アミノ酸　58
アルドリン　60
アルベド　11
アルミニウム缶　138
アンモニア性窒素　58, 129
アンモニア脱硝法　33

イ

硫黄酸化物　23, 25, 27
イオン交換　97
異臭味　74
異常気象　16
イタイイタイ病　60
一次処理　85
一次反応速度式　181
一般廃棄物　103, 104, 105, 109, 111,
　　112, 114, 148, 150
移動発生源　41
移動量　161

ウ

雨水　81, 96
奪われし未来　168

エ

エアレーションタンク　84
エアロゾル　21, 37
衛生学的指標　61
エストロゲン　168
エチルベンゼン　163
エチレングリコール　163
エルニーニョ現象　15, 16
塩化ビニル　140, 143, 144, 149, 150
塩素　72
エンドリン　60

オ

オキシラジカル　35
オクタノール・水分配係数　177
オクチルフェノール　169
汚水　81
汚染修復技術　98
オゾン　75

オゾン処理　73
オゾン層　18
オゾン層破壊物質　19
オゾンホール　9, 20
汚泥容量指標　90
温室効果　7, 12
温室効果ガス　5, 12, 13, 134
温暖化指数　13

カ

海水　45
回転円盤（円板）法　91
回転ストーカ方式　115
界面活性剤　84
海面上昇　10, 17
化学的酸素要求量　55
化学物質　155
化学物質挙動　172
化学物質の審査及び製造等の規制に関する法律　188
拡大生産者責任　131
確認埋蔵量　131, 132, 133
加水分解　62, 181
カスケード利用　142
可塑剤　169
活性汚泥　85
活性汚泥法　129
活性炭　75
活性炭吸着　77
活性炭処理　73
合併浄化槽　82
家庭用浄水器　78
家電リサイクル法　131, 145
カドミウム　60
カネミ油症事件　159
カビ臭　73
過マンガン酸カリウム　56

枯葉剤　148
環境アセスメント　41, 152
環境アセスメント制度　152
環境基準　26, 31, 49
環境基準値　38
環境残留性有機汚染物質　189
環境の時代　1
環境の創造　3
環境の保全　3
環境媒体　155
環境ホルモン　73, 152, 168
環境問題　1
環境リスク　162
還元　62
緩速ろ過　70
官能基　74
乾留　117

キ

気液平衡　174
気液平衡定数　176
揮発性有機化合物　166
逆浸透　93
逆転層　42
急速ろ過　70
吸着　76
凝集　69
凝集剤　70
凝集沈殿法　93
京都議定書　5

ク

空燃比　34
クラーク数　131
クリプトスポリジウム　73
クリンカ　116

クロラミン　72
クロルデン　157
クロロフィル a　59

ケ

下水処理　79
下水処理場　81
下水道　79
結合塩素　72
限外ろ過　93
嫌気性　52
嫌気性細菌　61
原生動物　86
建設リサイクル法　131
懸濁物質　51

コ

広域循環方式　95
公害問題　1
光化学オキシダント　35, 36, 37
光化学スモッグ　30, 31, 35, 36, 41
光化学反応　37
降下煤塵　39
好気性　52
好気性細菌　61
公共下水道　81
工業用水　47
公共用水域　84
工場排水　84
降水量　45
合成有機化合物　84
高度処理　73, 85
高度処理技術　73
高分子凝集剤　70
合流式　82
固液分離　69
固形化　98
固定発生源　31, 40, 41
コプラナーPCB　147
個別循環方式　94
コロイド粒子　69
コンパートメント　172
コンポスト　124, 125, 126

サ

サーマルリサイクル　135, 136, 141, 144
細菌　61, 86
細孔　76
最終処分　102, 110, 111, 123, 124, 128, 152
最終処分場　103, 112, 128, 130, 134
最終沈殿池　84
最初沈殿池　84
雑排水　96
雑用水　94
雑用水利用　94
産業廃棄物　103, 104, 105, 107, 110, 112, 150, 152
産業廃棄物管理票　112, 152
山元還元　124
三元触媒　33
三元触媒法　33
三次処理　91
散水用水　95
散水ろ床法　90
酸性雨　9, 23, 25, 27, 30
残留塩素　72, 73
残留性　189

シ

次亜塩素酸　72

次亜塩素酸ナトリウム　71
ジオスミン　74
事業系一般廃棄物　105
ジクロロメタン　163
脂質　84
自浄作用　63
シックハウス症候群　166
シックビル症　165
室内空気汚染　166
質量保存の法則　185
自動車リサイクル法　131, 145
し尿　61
シマジン　60
重クロム酸カリウム　56
終末処理場　81
従量制方式　112
シュレッダーダスト　113, 114, 145, 150
循環型社会　94
循環型社会形成推進基本法　130
浄化槽　82
蒸気圧　174
焼却残渣　123
焼却灰　123, 124, 128, 129
硝酸性窒素　58
浄水処理　65
上水道　65
晶析脱リン法　93
消毒　71
消毒副生成物　73
蒸発残留物　51
食品リサイクル法　124, 131
真菌類　86
浸透圧　93

ス

水銀　60

水源税　79
水酸化マグネシウム法　29, 30
水質汚濁　48
水質環境基準　49
水質指標　48
水洗便所用水　95
水素イオン濃度　50
ストーカ式焼却炉　114
ストークスの沈降速度式　70

セ

生活排水　82
生活用水　47
成長の限界　4
静的耐用年数　131, 132, 133, 134
生物化学的酸素要求量　53
生物学的指標　62
生物学的脱窒素法　91
生物学的反応　181
生物活性炭　77
生物処理　73
生物濃縮係数　180
生物膜法　90
精密ろ過　93
石灰石膏法　29, 30
摂取　165
接触酸化法　91
セベソ　170
セラミック　93
セレン　60
前駆物質　74
全酸素消費量　56
選択接触還元法　33
全窒素　59
全有機炭素量　57
全有機ハロゲン化合物　74
全リン　59

ソ

総トリハロメタン　73
総量規制　28, 31
藻類　58

タ

第1種特定化学物質　189
ダイアジノン　60
ダイオキシン類　33, 98, 114, 115, 118, 121, 134, 143, 147, 148, 150, 151, 152, 153
ダイオキシン類対策特別措置法　50, 147
ダイオキシン類特別措置法　148
大気汚染防止法　38
対数増殖期　87
大腸菌　61
大腸菌群　61
太陽定数　11
脱酸素係数　65
脱脂洗浄剤　159
脱硝触媒　33
脱窒　92
炭化水素　35, 36, 37, 39
淡水　45
炭水化物　84
単独浄化槽　82
たんぱく質　58, 84

チ

地下水　66
地下水汚染　60
置換反応　181
地球温暖化　9, 15, 16
地球温暖化現象　134

地区循環方式　94
窒素　58
窒素酸化物　25, 30, 32, 35, 36
中間処理　110, 111, 128
中水道　94
長距離移動性　190
直接還元　124
沈降性　90
沈殿　70
沈黙の春　158

ツ

通性嫌気性細菌　61

テ

ディーゼル排気粒子　39
鉄鋼スクラップ　137, 146
テトラクロロエチレン　60
電気集塵機　114
電気電導度　52

ト

毒性　189
特別管理一般廃棄物　105
特別管理産業廃棄物　105, 152
特別管理廃棄物　123, 124
都市ごみ　105
土壌汚染　97
土壌汚染対策法　98
土壌吸引法　98
豊島問題　130
トリクロロエチレン　60
トリハロメタン　73
トルエン　60

ナ

内生呼吸期　87
内分泌撹乱化学物質　152, 168
ナノろ過　93
鉛バッテリー　140
難分解性物質　77

ニ

二酸化塩素　71
二次処理　85
ニッケル　60

ネ

熱分解ガス　120
熱分解－ガス化溶融技術　117
熱分解残渣　120, 122

ノ

濃縮性　189
農薬　60
農用地の土壌汚染対策　98
ノニルフェノール　169

ハ

排煙脱硝　33
排煙脱硫　29
バイオマス　118
バイオレメディエーション法　98
配管の誤接合　96
排出基準　27, 31
排出規制　28, 31
排出量　161
煤塵　114

排水の再利用　94
曝気　84
曝気槽　84
バグフィルター　114, 151
暴露　165
暴露アセスメント　187
発がん性　60
ハニカム　33, 34
バルキング　90
ハロン　19
半減期　182

ヒ

ヒートアイランド現象　40
光分解　62
非極性物質　177
微小後生動物　86
微小粒子状物質　40
ビスフェノール A　168
ヒ素　97
披毒　35
被毒　33
ヒドロキシルラジカル　181
飛灰　114, 115, 116, 117, 119, 120, 121, 123, 124, 148, 151
比表面積　75
表流水　66
微量有機汚染物質　73

フ

ファン・デル・ワールス力　76
富栄養化　58
負荷量　83
複合汚染　170
腐植質　74
フタル酸ビス (2-エチルヘキシル)　169

ふっ化水素　163
フミン酸　74
フミン質　74
浮遊粉塵　39
浮遊粒子状物質　39
不溶化　98
フラックス　93
フルボ酸　74
不連続点塩素処理　72
フロイントリッヒ式　76
フロック　70
フロン　19, 23, 112, 113
分解性　189
分配平衡　175
粉末炭　75
分流式　82

ヘ

平衡状態　173
ヘキサクロロベンゼン　169
ペットボトル　104, 142
ベンゼン　60
ベンゾ(a)ピレン　169
返送汚泥　85
返送汚泥率　89
ペンタクロロフェノール　169
ヘンリー則定数　175
ヘンリーの法則　175

ホ

芳香族炭化水素レセプター　168
ほう素　163
ボトムアッシュ　114, 116, 117
ポリ塩化アルミニウム　70
ホルムアルデヒド　166

マ

膜分離処理　73
マテリアルリサイクル　135, 140, 142, 143
マニフェスト　131, 152
マニフェスト制度　112, 152
慢性毒性　60

ミ

水の循環利用　94
水の滞留時間　45
水への溶解度　173
三つのR　135
水俣病　60

ム

無害化　98
無機性窒素　59

メ

メス化　170
メタン生成菌　87
メタン発酵法　126

ユ

有害化学物質　84
有害大気汚染物質　37, 38
有害物質　60
有機塩素系溶剤　60
有機汚濁物質　53
有機化合物　157
有機高分子　93
有機スズ化合物　169

有機性窒素　59
有機廃棄物　114
有機溶剤　60
優先取組物質　38
優先取組有害物質　38
遊離塩素　72
油症事件　148

ヨ

溶解性物質　51
要監視項目　60
容器包装リサイクル法　131, 142
溶存酸素　52
溶存有機炭素　57
溶融飛灰　124

ラ

ライフサイクルアセスメント　146

リ

リスクアセスメント　187
理想気体の状態方程式　174
流域下水道　81
硫酸アルミニウム　70
硫酸還元菌　87
粒子状物質　39
粒状炭　75
流動床式焼却炉　116
リン　58

レ

冷却用水　95
レイチェル・カーソン　158
レスポンシブル・ケア　161

レセプター　168

ロ

労働安全衛生法　37
ロータリーキルン　120, 151
ろ過　70
ろ材　90
六価クロム　60

英数字

2-メチルイソボネオール　74
AGP　60
BHC　157
BOD　53, 128, 129
BOD-MLSS 負荷率　87
BOD-容積負荷率　87
ClO cycle　19, 20
COD　55, 129
DDT　157
de novo 合成反応　148, 150
DO　52
Fuel NOx　32, 33
Grasshopper 効果　190
IPCC　5, 15, 16, 18
K 値規制　28
LCA　146
MF　93
MLSS　87
MSDS　161
NF　93
Nitrobacter　92
Nitrosomonas　92
NOx　23, 25, 30, 31, 32, 35, 37, 39, 40, 115, 151, 153
n-ヘキサン抽出物質　58
PCB　60

PCDDs 147, 178
PCDFs 147
PET 140, 142, 143
pH 50
PM 39
PM2.5 40
POPs 189
ppm 49
PRTR 161
p-ジクロロベンゼン 163
RDF 118, 126, 127
RO 93
SBS 165
SOx 23, 25, 27, 28, 29, 37, 39, 115, 137, 150, 153
SPM 39, 40
SS 51, 129
SVI 90
Thermal NOx 32, 33
T-N 59
TOC 57
TOD 56
TRI 162
UF 93
VOC 166

Memorandum

Memorandum

川本　克也（かわもと　かつや）
　　1989 年　横浜国立大学大学院工学研究科博士後期課程修了
　　専攻　環境化学・環境工学
　　現在　岡山大学大学院環境生命科学研究科　教授（工学博士）

葛西　栄輝（かさい　えいき）
　　1980 年　東北大学工学部金属工学科卒業
　　専攻　素材再生工学・環境工学
　　現在　東北大学大学院環境科学研究科　教授（工学博士）

入門　環境の科学と工学	著　者　川本　克也
	葛西　栄輝　　© 2003
2003 年 10 月 15 日　初版 1 刷発行	発　行　共立出版株式会社／南條光章
2020 年 10 月 10 日　初版 10 刷発行	東京都文京区小日向 4-6-19
	電話　03-3947-2511（代表）
	〒112-8700／振替口座 00110-2-57035
	www.kyoritsu-pub.co.jp
	印　刷　日経印刷(株)
	製　本　協栄製本
	一般社団法人 自然科学書協会 会員
検印廃止	
NDC519	
ISBN 978-4-320-07156-8	Printed in Japan

JCOPY　<(社)出版者著作権管理機構委託出版物>
本書の無断複写は著作権法上での例外を除き禁じられています．複写される場合は，そのつど事前に，(社)出版者著作権管理機構（電話 03-3513-6969，FAX 03-3513-6979，e-mail: info@jcopy.or.jp）の許諾を得てください．

■土木工学関連書

http://www.kyoritsu-pub.co.jp/ 共立出版

測量用語辞典	松井啓之輔編著
土木職公務員試験 過去問と攻略法	山本忠幸著
工学基礎 固体力学	園田佳巨他著
基礎 弾・塑性力学	大塚久哲著
詳解 構造力学演習	彦坂 熙他著
静定構造力学 第2版	髙岡宣善著／白木 渡改訂
不静定構造力学 第2版	髙岡宣善著／白木 渡改訂
コンクリート工学の基礎 建設材料 コンクリート：改訂・改題	村田二郎他著
土木練習帳 コンクリート工学	吉川弘道他著
鉄筋コンクリート工学	加藤清志他著
鉄筋コンクリート工学 訂正2版	横道英雄他著
土質力学の基礎	石橋 勲他著
水理学入門	真野 明他著
わかりやすい水理学の基礎	木村和正他著
水理学 改訂増補版	小川 元他著
移動床流れの水理学	関根正人著
流れの力学	澤本正樹著
河川工学	篠原謹爾著
復刊 河川地形	高山茂美著
水文学	杉田倫明訳
水文科学	杉田倫明他編著
ウォーターフロントの計画ノート	横内憲久他著
新編 海岸工学	椹木 亨他著
道路の計画とデザイン	椹木 武他著
交通バリアフリーの実際	髙田邦道編著
都市の交通計画	交通計画システム研究会著
土木計画序論	長尾義三著
よく知ろう 都市のことを	椹木 武他著
新・都市計画概論 改訂2版	加藤 晃他著
風景のとらえ方・つくり方	小林一郎監修
測 量 第2版	駒村正治他著
測量学Ⅰ	松井啓之輔著
測量学Ⅱ	松井啓之輔著
測量学 [基礎編] 増補版	大嶋太市著
測量学 [応用編]	大嶋太市著
新編 橋梁工学	中井 博著
例題で学ぶ橋梁工学 第2版	中井 博他著
対話形式による橋梁設計シミュレーション	中井 博他著
鋼橋設計の基礎	中井 博他著
インフラ構造物入門	北田俊行編著
実践 耐震工学	大塚久哲著
津波と海岸林 バイオシールドの減災効果	佐々木 寧他著
都市の水辺と人間行動	畔柳昭雄著
東京ベイサイドアーキテクチュア ガイドブック	畔柳昭雄他著
環境システム	土木学会環境システム委員会編
海洋環境学	佐久田昌昭他著
水環境工学	川本克也他著
環境地下水学	藤縄克之著
地盤環境工学	嘉門雅史他著
入門 環境の科学と工学	川本克也他著
環境教育	横浜国立大学教育人間科学部環境教育研究会編
環境情報科学	村上篤司他編
ハンディー版 環境用語辞典 第3版	上田豊甫他編

(1) 基本単位

量	単位 名称	単位 記号
長さ	メートル	m
質量	キログラム	kg
時間	秒	s
電流	アンペア	A
温度	ケルビン	K
物質量	モル	mol
光度	カンデラ	cd

(2) 固有名の主要組立単位

量	単位 名称	単位 記号	単位 定義
力	ニュートン	N	$kg\,m\,s^{-2}$
圧力, 応力	パスカル	Pa	$N\,m^{-2}$
エネルギー, 仕事, 熱量	ジュール	J	$N \cdot m$
仕事率, 電力	ワット	W	$J\,s^{-1}$
電気量, 電荷	クーロン	C	$A \cdot s$
電位, 電圧, 起電力	ボルト	V	$J\,A^{-1} \cdot s^{-1}$
静電容量	ファラド	F	$C\,V^{-1}$
電気抵抗	オーム	Ω	$V\,A^{-1}$
コンダクタンス	ジーメンス	S	$A\,V^{-1}$
セルシウス温度*	セルシウス度	℃	K
周波数	ヘルツ	Hz	s^{-1}
光束	ルーメン	lm	$cd \cdot sr$
照度	ルクス	lx	$cd \cdot sr\,m^{-2}$

(注) *t(℃)$=T-273.15K$ [T:ケルビンで表した熱力学温度]

(3) SI 接頭語

大きさ指数		接頭語	記号	大きさ指数		接頭語	記号
10^{-1}	-1	deci	d	10	1	deca	da
10^{-2}	-2	centi	c	10^{2}	2	hecto	h
10^{-3}	-3	milli	m	10^{3}	3	kilo	k
10^{-6}	-6	micro	μ	10^{6}	6	mega	M
10^{-9}	-9	nano	n	10^{9}	9	giga	G
10^{-12}	-12	pico	p	10^{12}	12	tera	T
10^{-15}	-15	femto	f	10^{15}	15	peta	P
10^{-18}	-18	atto	a	10^{18}	18	exa	E
10^{-21}	-21	zepto	z	10^{21}	21	zetta	Z
10^{-24}	-24	yocto	y	10^{24}	24	yotta	Y